U0213504

MARK
麦客文化

蔬菜
有故事

陆生作 著

化学工业出版社
·北京·

一日三餐，四季鲜蔬，蔬菜是人类的朋友，是人类世界不可或缺的一部分。每一种蔬菜背后，有哪些源远流长的故事？每一个花朵里面，隐藏着多少无法述说的情感与源流？人类，到底该如何与蔬菜相处？本书以节气划分，讲述了二十四种蔬菜精彩而丰富的来历和故事、趣闻与诗意，让读者重新检视日常餐桌上的蔬菜，感受万物的生机与美好。

图书在版编目（CIP）数据

蔬菜有故事/陆生作著. —北京：化学工业出版
社，2019.4
ISBN 978-7-122-33949-2

Ⅰ. ①蔬… Ⅱ. ①陆… Ⅲ. ①蔬菜－普及读物 Ⅳ.
① S63-49

中国版本图书馆 CIP 数据核字（2019）第 032249 号

责任编辑：张　曼　龚风光　　　　　装帧设计：今亮后声 HOPESOUND
panklouyugu@163.com
责任校对：宋　夏

出版发行：化学工业出版社（北京市东城区青年湖南街 13 号　邮政编码 100011）
印　　装：中煤（北京）印务有限公司
787mm×1092mm 1/32　印张 7¹/₂　字数 200 千字　2019 年 7 月北京第 1 版第 1 次印刷

购书咨询：010-64518888　　　　　售后服务：010-64518899
网　　址：http://www.cip.com.cn
凡购买本书，如有缺损质量问题，本社销售中心负责调换。

定　价：49.80 元　　　　　　　　　　　　　　　　版权所有　违者必究

我坐在春风里沐浴

—

陆春祥　浙江省作协副主席、鲁迅文学奖得主

陆生作发来《蔬菜有故事》《虫子有故事》两部书稿，嘱我在前面写点什么。我边读边想，脑子里长久浮现的一个词是：如坐春风。

我不知道，为什么这个词如此顽固地占据着我的头脑，读完书稿，想明白了，他这两部书稿，有知识，有故事，有传说，有童话，更有作者的亲历和体验，而所有这些元素，大多都能调动起我的情绪，我的思绪一直跟着他的文字在游走。

仿佛，此刻，晴朗的夜空，我们就坐在家门口，沐着三月的春风，面对宽阔的田野，听他娓娓讲述季节里的蔬菜，从马兰头、竹笋、蕨菜、香椿、南瓜、黄瓜、丝瓜，讲到茄子、番薯、冬瓜、大蒜、萝卜，这些蔬菜，都带着魂灵。刚刚耙过的稻田里，青蛙呱呱叫个不停，陆生作又从眼前的蛙，讲到蜻蜓、蝉、蜈蚣，讲到蜜蜂、蚯蚓、蚕，这些虫子，都伴着我们成长。从立春讲到立冬，陆生作把我们日常的蔬菜、身边的虫子，细腻而生动地讲了一遍，我有些着迷。

无论蔬菜，无论虫子，它们都是我们亲密的朋友，是至亲，任何时候，我们都离不开它们——我们永远的朋友。

陆生作蔬菜和虫子的故事，也打开了我尘封已久的少年记忆。

拣竹笋说一下。

我们白水村的山后面，以及后面的后面，山连着山，岭接着岭，到处都有竹林，大竹林，小竹林，一望无际。春天伴着第一响的雷声后，那些竹林就渐渐热闹起来。生产队里那些毛竹林，就会有黑黑的毛绒绒的笋尖钻出，只消几天时间，就出落得有模有样了。那些粗壮的"笋小伙"，绝对不能挖，生产队会派林管员，严加看守，因为要将它们培养成毛竹林。生产队里每年都要用大量的毛竹，农活中需要许多的竹篾制品，甚至还要拿毛竹卖钱，这也算是一宗比较大的收入了吧。但管理即便如此严格，也仍然会有人偷偷地挖几根，春毛笋炖咸肉的味道实在太诱人了。

拔野笋，是农村小孩的必修课。野笋长的地方太多了，田间地头，只要有几棵小竹子，就一定有笋可拔，随便几个地方转下来，就有一小袋了。但要想拔到更多的笋，就一定要去较远的深山，那些野笋和那些野茶一样，都需要付出一定的艰辛和努力才会拔到。现在，我的左手掌心里，还有一道隐约的小疤痕，那是放学后拔笋，不小心被竹尖深深刺中留下的。

野笋拔回，尚有大量工作要做。必须连夜剥开，否则容易老掉。剥笋这个活，其实还是有一定技术含量的。我们的方法是，用手抓住笋壳的苗尖，来回搓软，将笋壳左右两边分开，再将披开的笋壳用手指绕几圈，用力一扯，半边笋肉就完全露出，用同样的方法，左右两下，一支鲜笋就剥好。然而，剥笋会造成手指的损伤，时间一长，手指就痛得受不了，但笋必须剥完。剥完一部分后，马上就要煮，加上适量的盐，一锅锅煮，然后再一根根摊到竹篾上或团箕里，晒干就可收藏了。

味道鲜美的野笋干，几乎成了农村家家户户的必备。

野青笋干、油焖春笋之类，只是大自然春天的代表作品，其实，说竹笋，还必须言及冬笋。冬笋具有一种别样的美味，杜甫就有诗："远传冬笋味，更觉彩衣春。"他以通感的方法写出了冬笋的别致，同时也表明，咱们的前辈吃冬笋的历史很有些年头了。

冬笋藏在竹林里地底下，不像春笋，冒出头，直接挖下就是了。冬笋往往藏得很隐秘，寻找它不仅要靠力气，更要靠眼力。依据老爸的掘笋经验，挖冬笋，必须注意两点：一是要看毛竹长什么样，长冬笋的竹一定粗壮健康，勃勃生机；二是竹林里的泥土，一定要肥而厚，贫瘠之地，长毛竹都困难，别说冬笋了。

中国人向来讲食药同源，所以，笋也是一种良药。

《名医别录》云笋：主消渴，利水道，益气，可久食。

《本草纲目拾遗》又云笋：利九窍，通血脉，化痰涎，消食胀。

难怪，中国人说起笋，总是没完没了的。

再说虫子。

虫子就是动物，只不过是小型的。关于动物，我写过一本《笔记中的动物》，谈得比较多，我仍然持"我们和动物在同一现场"的观点，意思就是我们和动物，谁也离不开谁。

研究者认为，人类只是自然的一部分，人类和动物植物并没有太大的区别，老鼠和人类有99%相同的骨骼结构，人类跟黑猩猩有98.5%的基因是一样的，人类和西红柿也有60%的基因相同。而且，很多动物都有感情和情绪，它们也有严密的社会组织，如狼，如狗，如蚁，如猴。人类和动物的区别，大约只有文化和历史，会思考，会质疑，会直立行走，有不断进化的大脑。

只是，人类掌握着对动物们的生杀大权，人类会将各种动物弄死，并用它们的尸骨当药，来替自己疗伤。人类还在无休止地消费动物，一条蚕一辈子只活短暂的28天，一生吐的丝却有千米长。

明朝作家谢肇淛的《五杂俎》卷之十一，对动物的灵性如此总结：

虾蟆于端午日知人取之，必四远逃遁。麝知人欲得香，辄自抉其脐。蛤蚧为人所捕，辄自断其尾。蚺蛇胆曾经割取者，见人则坦腹呈创。

麝知道人要取麝香，在被追得走投无路时，会自己将麝香挖出丢给追赶者；那蚺蛇也一样，人类要割的是它的胆，被追得穷途末路时，会将肚子上的伤口露给人看，别害我了，我的胆已经被你们割走了。这样才会逃过一劫。

几百年前，尼采在大街上曾经抱着一匹马的头失声痛哭："我苦难的兄弟啊！"虽然被人送进疯人院，但尼采并没有疯，在他心里，也许，他认为"人类是我唯一非常恐惧的动物"（萧伯纳语），恐惧人，是因为人类的快乐常常是以牺牲另一个动物的生命为前提的。

蜜蜂有多重要？爱因斯坦曾预言：如果蜜蜂从世界上消失，人类也将仅仅剩下四年的光阴！是的，在人类利用的一千三百多种作物中，有一千余种需要蜜蜂授粉。

忽然想到了美国作家菲利普·斯蒂德的一个小童话《阿莫的生病日》：

有一天，动物管理员阿莫生病了，他平日里温柔照顾过的动物们，纷纷坐着公交车去看望他，这些动物有大象、犀牛、乌龟、企鹅、猫头鹰等。

情节简单，场面却万分温馨。我想，人和虫子蔬菜之间的关系，他已经说得很明白了。

我坐在春风里沐浴，春风不仅是我的，也是蔬菜和虫子们的。

是为序。

丁酉初夏

杭州壹庐

立春

山药

山药则孤行并用，
无所不宜，
并油盐酱醋不设，
亦能自呈其美，
乃蔬食中之通材也。

　　云南有座哀牢山。旧辰光里，哀牢山里有个小国家，这里的国王、大臣、百姓可能都是龙子九隆的后代。

　　这个小国家常常被周围的一些大国家欺负。

　　某年深秋，又有大国派出军队来欺负它了。虽然国家小，士兵也不多，但国王还是勇敢地率领将士们拼死抵抗。他们先把老人、孩子、妇女安全地转移到深山里，后来，他们战败了，也躲了进来，凭借天险，保存最后的力量。大国的军队追到山下，气势汹汹，但山势陡峭，一夫当关，万夫莫开，他们几次进攻都没有取胜，不少士兵被小国人用石头砸得头破血流。大国的将领想，小国人逃进深山里，满山石头、树木、枯草，人没有足够的粮食，马没有足够的粮草，撑不了多久他们就会出来投降的。大国的军队封锁了所有出山的道路，连一只苍蝇也飞不进去，就等着小国人出来投降呢。

深秋过去，大雪飘下来了。大国的将领走出帐外，仰天大笑："真是天助我也！"他高高兴兴地在帐外堆了一个高大的雪人。

一个月过去了，山里毫无动静。大国的将领估计，小国人的粮草快耗尽了吧。

三个月过去了，山里仍然毫无动静。大国的将领推算，小国人的粮草肯定耗尽了，他们怎么填饱肚子呢？一定是把战马杀了充饥。

五个月过去了，山里还是毫无动静。大国的将领判断，小国人已经把战马吃光了，他们再不投降，就得活活饿死在深山里了。大国的将领派一名士兵朝山上喊话："下山投降，可免一死。"作为回应，山上射下几支冷箭，直中那名士兵的胸口。

近六个月过去了，山里依然毫无动静。大国的将领断定，小国人已经死亡过半，活着的也只剩下一口气，估计连走路都没什么力气了。大国的将领开始放松警惕，整天饮酒作乐，士兵们也卸甲歇息，他们打算冲上山去了。

可大国的将士们还没行动呢，情况就起了变化。一天半夜，他们正在酣睡。山上冲下一支强大的军队，犹如天降神兵，杀将过来。大国的将领在睡梦中被喊杀声惊醒，顿时慌了神，一看情形不对，他骑上一匹马，左冲右突，跑得无影无踪。军队的将领都跑了，群龙无首，自然乱成了一锅粥。小国人转败为胜。因此，一个传言长了翅膀，散播开来：小国人被困深山中长达半年，内无粮草，外无救兵，怎么就打败了强大的大国军队呢？那是因为他们得到了山神的帮助……

果真是这样吗？不是的！小国人不仅没有被饿死，经过半年的休养反而变得兵强马壮，主动出击，那是因为他们找到了一种有营养的食物。在深山中，到处生长着一种藤，浑身长有不软不硬的刺，椭圆形的叶子墨绿而厚实。夏天，它开出白色或淡绿色的花，冬天干枯。

小国的军队撤退进深山之后，确实遇上了粮食问题；加上天降大雪，大家的心情是绝望的。饿急了的战马，没有草料就啃食枯藤。这一啃，啃出了希望。一个士兵看到战马啃食枯藤，就用长矛挖出枯藤的根茎，用来充饥。没想到，根茎的味道还很好，甜甜的、脆脆的。其他人看见这根茎能吃，立刻跟着去挖。人是铁，饭是钢，吃了根茎的小国人身体状况有了很大改善，这才有了半夜里的奇袭，大获全胜。

小国人为了纪念这种救命的食物，给它起了一个名字——"山遇"，意思是在绝望的深山里遇到的好东西。后来，越来越多的人知道并食用"山遇"，发现"山遇"不仅能像粮食一样滋养人，而且还有健脾胃、补肺肾的功效，能够治疗脾虚、泄泻等病症，于是人们就将"山遇"改名为"山药"。

山药，如今在菜市场很常见。

我小时候，可不知道世界上还有山药这种东西，更不要说吃过山药了。那时候，我吃的仅限于家乡土地出产的本地货。

我在故事里看到过"山药蛋"和"山药",它们一字之差,只要把这个"蛋"滚走,就是山药了。于是,我从山药蛋推测出山药是什么。山药蛋是马铃薯,也叫土豆。土豆有点儿圆,所以叫蛋,那么,山药是什么形状的呢?

我第一次吃到的山药,叫铁棍山药,这个问题也有了答案,形状正如铁棍。那是多年后了。我上大学,进了城。切成一截一截蒸熟的山药,剥皮吃,粉粉糯糯的,有点儿像番薯、芋艿、土豆之类,但又不大一样;若蘸点儿白糖,就更好吃了;蘸点儿酱油呢,也好吃。真是稀奇。

现在吃山药就方便多了,菜市场里天天有卖。交通方便了嘛,网购也很方便,比杨贵妃吃荔枝还要方便。有时候,开来一辆大货车停在小区门口,满满一车山药,一只小喇叭高声叫卖:"铁棍山药,铁棍山药,正宗的铁棍山药……"而且,山药的烧法也挺多:山药炖鸡汤、山药排骨汤、清炒山药片、南瓜山药粥,等等,都挺好吃,真应了李渔的记载。

山药则孤行①并用,无所不宜,并②油盐酱醋不设,亦能自呈③其美,乃④蔬食中之通材也。

(摘自李渔《闲情偶寄》)

注解

①孤行:本义是独自行事。这里与"并用"相对,指山药单炒。

②并：连词，表平列或进一层。

③呈：显出。

④乃：是。

译文

　　山药则既可单炒，也可和其他食材相拌杂烹煮，即使不放油盐酱醋，也能显出它那独特风味，它是蔬食中的通材。

　　如果让我挑选，我选蒸熟的、一截一截的山药，剥去皮，先尝尝它的原味，再蘸点儿白糖，入味。只是，这么吃，不是当菜吃，而是当饭吃了。

　　相传，三国时期，神机妙算的诸葛亮率领大军南征，经过云南西双版纳一个叫勐旺的地方。当时，恰逢梅雨天，天阴阴的，雨绵绵的，人软软的。一路上，军队走过危险的沼泽地、水流奔腾的大江小溪、高低起伏的原始森林……行军几个月，目的地还没到，却又陷在另一片神秘的原始森林里，带来的粮草快要耗尽了，整支军队饥寒交迫，人疲马乏。诸葛亮心疼将士们，便下令安营扎寨，休息几天。

　　士兵们被迫到森林里寻找食物充饥。森林是个大宝库，在森林里寻找食物，对一个或几个人来说应该没什么难度，但对一支军队来说，那就太难了！不过也有好处，人多力量大，可以猎一头野猪烤着吃——可野猪长着四条强壮的腿，又有锋利的獠牙，不容易逮啊！即使逮到了，大家也不够分啊。所以说，古代打仗，粮草先行，是很有道理的。没有粮草，这仗是打不下去的。

惊喜的是，将士们在森林里发现一种藤，藤上长着刺，地下结着像刺猬的块茎。他们把块茎挖出来，埋在火堆里煨熟，香香的，糯糯的，肚子填得饱饱的。

将士们非常喜欢吃这东西，给它起个名号——刺山药。

一餐吃完了，将士们摸摸饱饱的肚子，又到山上去挖。经过几天的休整，他们就靠这刺山药恢复体力，士气大振。最终，军队安全地走出了神秘的原始森林。从此，勐旺百姓也认识了这种生长在深山野林里的"山珍"，也叫它刺山药。

将士们在山野间安营扎寨，肚子饿了，埋锅造饭。我猜，顿顿吃煨熟的刺山药也不行吧？虽然食材单一，但吃法可以创新呀，很可能有的士兵把刺山药煮成粥来吃。陆游在《秋夜读书每以二鼓尽为节》中说："秋夜渐长饥作祟，一杯山药进琼糜。"意思是，秋夜漫漫，饥肠辘辘，没法集中注意力，读书读不下去了，这时喝杯山药熬成的粥，舒服，满足，完全胜过那些佳肴美味。

据史书载，早在三千多年前的周朝，就有人种植山药了。在古代，山药叫薯蓣。唐朝时，为了避唐代宗李豫的讳，而改为"薯药"；宋朝时，为了避宋英宗赵曙的讳，而改为"山药"，一直沿用至今。

山药，山药，它还真是一味药。之前，哀牢山里的小国人已经把这个答案告诉我们了。有时候，我们对"药"的理解，要分开来看，药可医身，也能医心。

相传很久以前，有一对昧良心的夫妇。这个媳妇总盼着婆婆早死，每天说些难听的话，气婆婆；吃饭呢，只给婆婆喝一碗能照出来人影的稀粥。时间长了，婆婆浑身无力，卧床不起。老话说养儿防老，儿子养大了，不懂孝敬，偏又娶了这么一门媳妇，婆婆哭在心里，泪往肚里流。

村里有位老郎中，心地善良，他知道了这件事，想帮老婆婆一把。他将计就计，假装在路上巧遇那媳妇，假装不经意地说起她婆婆年轻时就很让人讨厌。很快，他们就找到了共同的话题，那媳妇也来劲了，张口就开始数落婆婆的不是。老郎中心里直叹气，但他悄悄地说："我这里有一包药粉，拌在粥里给你婆婆吃下去，保管她活不过一百天。但这粥要稍微稠一点儿，不然能吃出味儿来。"

那媳妇想了想，恶向胆边生，问道："这药贵不贵？"

"如果你要，我便宜点儿卖给你。"

那媳妇觉得花小钱解决大累赘，划得来，就向老郎中买了一包药粉，回去拌在粥里给婆婆吃。十天之后，老婆婆能起床活动。三个月后，老婆婆不但没死，反而养得白白胖胖，逢人就夸媳妇好。怎么回事呀？前边说了，老郎中是"将计就计"，他卖的药粉，其实是一包山药磨成的粉。

后来，这对夫妇知道老郎中的良苦用心后，羞愧难当，痛改前非，老婆婆可以安享晚年了。你看，这山药，救的可不止老婆婆一个，他们一家都被救了，特别是那对夫妇的良心得到了医治。

山药有不同品种，据说古怀庆府（今河南沁阳）所产的山药特名贵，有"怀参"之称，而刺山药成名最晚，但品级也很高。

对啦！山药削皮之后，摸起来黏糊糊、滑溜溜的，如果你对它过敏，请小心远离，不然痒起来可不好受。我上次削了一次皮，现在想来还有点儿痒呢。

02

雨水

青菜

青菜择嫩者，笋炒之。

夏日芥末拌，加微醋，可以醒胃。

加火腿片，可以作汤。

亦须现拔者才软。

　　如果这辈子只能吃一样蔬菜，我选大白菜，好吃，吃不厌，据说它还是蔬菜之王呢。如果能选两样蔬菜，我选大白菜和青菜（又称油菜）。如果能选三样呢，我就再加一盘茄子。

　　为何选这三样？没道理好讲，萝卜青菜各有所爱，喜欢吃罢了。

　　隆冬时节，霜打了青菜，有点儿蔫，有点儿甜，菜油爆炒，起锅时再放一小勺白糖，吃起来更甜滋滋了，真是冬日美味。

　　青菜，实在普通，在乡村家家户户都有，多到给猪吃或烂在地里。想起高中时去县里参加辩论赛，中午在大饭店吃饭，老师叫我点菜，我第一个就点了"香菇青菜"。老师说，难得出来吃饭，点点荤菜，青菜平时都能吃到。可我就喜欢吃青菜，他们就笑我"没出息"。偶尔想起这件事，时光就会倒流，那时候生活并不富裕，吃鱼吃肉是富贵的，所以总期待过节过年。一过节过年，家里就有好吃的，不像现在，平时的饭菜跟过年的饭菜也没啥区别了，甚至"追求"艰苦岁月，上大饭店吃饭，偏爱农家菜，非要来一份五谷杂粮。恍惚间，才发觉当年的美好，而当时不知也不觉。其实幸福很简单，一盘青菜足矣，关键在于你有没有心满意足。

小学时，老师讲过一个民间故事，至今还有记忆，但时间久了，只能说个大概了。

年三十，灶爷来人间吃饭，谁家的菜吃得最舒服，来年就让他家发大财。所以家家户户届时都杀鸡宰猪，客客气气地招待灶爷。灶爷挨家挨户吃，不是鸡鸭，就是鱼肉，吃得满嘴油腻。来到村尾，是户贫苦人家，只有一盘腌菜、一杯清水。腻坏了的灶爷，一吃腌菜，哇，好清口啊。真好，真好，这是今年最好吃的菜，来年让他家发大财。果然，第二年，这户人家发了财。其他村民来问：你是用什么招待灶爷的啊？他一五一十回答，只用了一盘腌菜、一杯清水。大家都记在心里，有样学样。又到了年三十，灶爷又来人间吃饭。哪晓得家家户户都是一盘腌菜、一杯清水，吃得灶爷好没胃口。又来到村尾，这家去年贫苦，今年已经发了财了，为了感谢灶爷赐福，他家诚心准备了鸡鸭鱼肉。结果，灶爷又在他家吃得最舒服，来年继续赐福给他。

这腌菜，在乡村，也是家家户户都有的。在我小的时候，奶奶做腌菜，要做一大水缸。我虽然年纪小，但能派上大用场——把脚洗干净，站在水缸里，奶奶把青菜一层一层、整整齐齐铺在水缸里，每一层青菜都撒上几把盐，我的任务就是把青菜一层一层踩严实。最后，满满一缸青菜，上头压几块大大的鹅卵石，过些日子，就是一缸腌菜了，能吃好长时间，而且只吃它的菜梗，菜叶是切掉扔掉的。在杭州，有一盘名菜叫"炒二冬"，就是冬腌菜炒冬笋片。我对腌菜没多大兴趣，却有一个深刻的印象：小时候吃饭，有时夹了菜，端到门口边玩边吃，那炒熟的腌菜，被太阳一晒，吃到嘴里是苦的。

青菜有很多种做法，最简单的是清炒或水余。饭店菜单上，最常见的是腐皮青菜、香菇青菜、肉片青菜。某日看到清代袁枚写青菜，真是开了眼界，大有讲究啊。

青菜择嫩者，笋炒之。夏日芥末拌，加微醋，可以醒胃。加火腿片，可以作汤。亦须现拔者才软。

（摘自袁枚《随园食单》）

在读《随园食单》之前，还真没吃过新鲜青菜炒笋，试了一回，味道还不错。现在民宿遍地开花，去农家吃饭，端上一盘青菜来，总说它还带着灵气。新鲜的青菜，味道就是好，难怪袁枚说青菜"须现拔者"。他是个食客,听他的没错。

袁枚,杭州人,33岁辞官后住在南京,买下了随园,就是《红楼梦》中大观园的原型。在南京,流传着一个与青菜有关的民间故事,不知袁枚是否听过?

南京有句俗语:"三天不吃青,肚里冒火星。"这个"青",指嫩嫩的青菜秧苗,做成菜秧汤,好喝,美味。

说起这菜秧汤,得回到明朝去。朱元璋统一天下后,就想着法子谋害文武大臣,军师刘伯温因此跟他闹翻了。一个说,我不要你,我也能坐江山;另一个说,我不保你,我回家也能吃饭。两人较起劲来了,结果刘伯温辞官走了。

刘伯温走的时候,大将军徐达送他。刘伯温和徐达,一个是文官,一个是武将,都为大明朝立下过汗马功劳。现在刘伯温要回家种田去了,徐达舍不得,但又没办法,送了一程又一程。到了渡口,刘伯温对徐达说:"徐兄,送君千里终须一别,就送到这儿吧。你以后要在庆功院遇灾,我给你个锦囊,危难之际,你要打开锦囊看一看。"徐达接过锦囊,装在身上,也没在意。什么庆功院,他听都没听过。

话说回来。朱元璋为什么要害文武大臣呢?这是马娘娘的主意。在没有坐天下的时候,马娘娘和朱元璋有个内情——他们没成亲就好上了,好得乱七八糟。这些事,那些老臣们知道得清清楚楚。现在,她是娘娘了,要母仪天下,如果把当年那些乱七八糟的丑事挖出来,传开去,不仅做不了

天下人的榜样，还会被天下人笑话呢。慢慢地，马娘娘有了心病，生怕老臣们出他们的丑，就像安了一批炸弹在身边，不知什么时候爆，这感觉太难受了。于是，她想了个办法——盖一间庆功院，把老臣们请进庆功院住下，在里面吃好的喝好的。这样，相当于把老臣们囚禁起来了，就不怕他们走漏风声了。

后来，庆功院盖好了，一帮文臣武将被请进了庆功院。他们一个个都认为自己有汗马功劳，国家太平了，确实也该享受享受了。徐达也住了进来，可他把刘伯温说过的话忘了。

事到如今，马娘娘该放心了吧？不，她还是有些担心。她是个心狠的人，觉得不会开口说话的人才是最安全的。怎么办呢？总不能让皇帝直接下一道诏，将这些老臣全杀了吧？这会惹出大麻烦的！马娘娘想起了自己的绝活，她会演周文王的后天八卦，相当灵，她挑了个时辰，算了一卦，乐！这些老臣不出一百天，就要死。为什么要死呢？你想啊，一百天，光吃鱼肉荤腥，天上飞的，地上走的，随便吃，就是见不到青，这要起火啊！可这些文官武将还被蒙在鼓里呢。

就这样吃到七十天，有人熬不住，就讲了："这喉咙怎么糟歪歪的呀？"

又有人讲："我也是。"

徐达一听，自己喉咙也发糟呢。他终于想起刘伯温临走时曾讲过：庆功院要遇灾……他赶忙把锦囊拿出来，一个小小的黄袋子，打开一看：咦？没有别的，全是菜籽，里面塞着一张纸条，写着"见潮而撒"。徐达心里有数，就把菜籽撒在墙根潮湿的泥土上。这些老臣每天吃饱喝足了，夜里常来这墙根撒尿，所以，这片土特别潮，也很肥壮。当时，天又热，没几天，这菜籽出得快，长得快。大家一看，好家伙，一片绿莹莹的青菜秧苗。可是，这点儿菜秧，大家怎么够吃呢？是到你嘴里，还是到我肚里呀？为难。

徐达想了想，说："我们有福同享，有难同当啊，要死都一起死，把这点儿菜秧拨拨弄弄，烧一锅汤，大家都喝点儿，不就都有份了吗？"

老臣们就把这些菜秧用大锅烧成汤，一人打一碗，一碗下肚，真灵，精神好多了。而且，这青菜秧还特别肯长，你这里拔，它那里还长着呢。大家就天天喝碗菜秧汤。

到了一百天，马娘娘又算了一卦，坏了，老臣们不但没死，而且一个个都吃胖了。这是怎么搞的呢？再算一卦，啊！原来是刘伯温破了她的法。

这青菜秧苗救了老臣们的命，青菜也就成了保命菜，谁不爱它呢？

这样的传说故事，跟历史没多大关系，但为菜秧汤做了极好的广告。我国是世界上最早栽培青菜的国家，与其说青菜种在地里，还不如说青菜种在我们的胃里。因为我们爱吃青菜，所以它才变得普普通通——从来物以稀为贵嘛！青菜多多，其实也显出了人们对它的喜爱。

在明朝的时候，有一个叫刘玺的人，他是个两袖清风的好官，过着穷日子，百姓爱戴他，叫他"青菜刘"。当然，也有叫他"刘穷"的。虽然人们叫他"青菜刘"是因为他穷，与"面有菜色"这个词语一样，突出的是穷，但是，转念想一想，"青菜"与"清官"连在一起，是不是也有别样味道呢？

有人说："握一棵青菜在手，莹白浅碧的菜梗，一片片抱得紧实，颜色一点点往上递升，直至叶瓣墨绿。摸一摸，润泽有脂感，如玉，汁水饱满——当是有生命的玉。"这写的真是太好了！

对啦！等青菜抽了节，发了花苞，吃它的菜心，也是极美味的。此刻，回想起小时候的菜心肉片炒年糕，唇齿之间，竟有了味道，真馋人。可现在吃不到那个味道了，回忆也真残忍！若是哪天也有一块房舍边的私家园地，留得青菜看菜花，菜花黄，蝴蝶忙，咿呀咿呀哟！

03

惊蛰

马兰头

马兰头菜,
摘取嫩者,
醋合笋拌食之。
油腻后食之,
可以醒脾。

　　马兰头，我小时候吃过的，记得是在水里氽熟，切碎，与切得小小的正方体的豆腐干凉拌。现在，很久没吃了，倒是荠菜吃得多。每次进馄饨店，点一份荠菜肉馅的，就想起马兰头来。

　　在家乡，田野之间，多有马兰头，没人管，有人采，就在春月里，妇女和女孩拎着菜篮子，一把小剪刀，蹲在一片翠绿之中，剪断一个又一个马兰头，如周作人在《故乡的野菜》所说，这是"一种有趣味的游戏的工作"。如果采多了，新鲜的吃不完，还能晒成干，可以做包子馅。

　　马兰头，有几个有意思的别名，分别是紫菊、螃蜞头、鸡儿肠、田边菊。

　　带上个"菊"字，好理解，它是菊科马兰属的。紫菊，是因为它开紫色的、像菊花的小花。我小时候一定见过它的花，但如今闭上眼睛细细想来，竟然没一点儿印象。可能是童年的我奔跑得太快了，耳边只有富春江边的风声，眼里映着知了翅膀上的纹理，马兰开花，那是女孩的事。现在想来，竟有一丝可惜。从网上能找到马兰头的花，像一张灿烂的笑脸，但没法跟记忆匹配起来。记忆中实在是没有它的样子，忽觉得错过了也就回不去了。

为什么叫螃蜞头？我不知道。螃蜞，富春江边多的是，夏日傍晚，在江边走动，螃蜞窸窸窣窣忙着躲避。与餐桌上常见的螃蟹相比，螃蜞个头小；背偏方形，而螃蟹偏圆形；八条腿，长满黑黑的腿毛，有男子气概；但两只大脚上光溜溜的，跟螃蟹很不一样。若伸进洞去捉螃蜞，被它的大脚钳住，那就等着流血吧，它轻易不会松开的。我这么熟悉螃蜞，也算得上认识马兰头，但为什么叫它"螃蜞头"，却实在摸不着头脑。

还有，叫"鸡儿肠"，我也是不懂的。难道是小肚鸡肠的意思？还是说，马兰头的茎很细，用鸡肠子来形容？

马兰头为什么叫马兰头？据说，它以前叫马拦头。能够拦住马头，应该是马儿喜欢吃的野草吧。一匹马驮着主人走来，见路边有马兰头，实在受不住诱惑，停下来吃几口，惹得主人发起火来。或者，马兰头长得很好，遮住了小路，挡住马儿的去路。问题是，马兰头能长这么高吗？《中国蔬菜品种志》载："多年生草本。株高40～70厘米。叶互生，叶形多变异，有椭圆形、倒卵形、披针形、倒披针形。叶长4～6厘米，宽1.4～2厘米。绿色，叶缘有不规则粗锯齿，叶面平滑或有毛。"唉！这与我记忆中的马兰头又出现了偏差。我只记得它们在春天的样子，矮矮的，嫩嫩的，恣意长在大地上，或是青色的茎，或是红色的茎。它怎么会长这么高呢？如此看来，它确实能拦马了。我也被拦住了，与家乡隔得越来越远了。

马兰头，如荠菜一般，肯定有人工栽培的。

但是，人总爱尝尝野味，就像一头放养的猪与养殖场里的猪，其肉质的味道是不一样的。长在田野间的马兰头是顽强的，是野性的，风是它的朋友，青蛙是它的朋友，甚至蛇都在它的遮蔽下安安稳稳地睡了一个午觉。自从人们发现马兰头可以拿来吃之后，它就一直扮演着重要的角色。其一是尝鲜；其二是救难，在饥荒的时候，马兰头填饱过不少人的肚子；其三是药用，药食同源，袁枚有如下记载。

马兰头菜，摘取嫩者，醋合笋拌食。油腻后食之，可以醒脾[①]。

（摘自袁枚《随园食单》）

注解

　　① 醒脾：治疗脾受寒湿
　　　　所困而运化无力的
　　　　方法。

译文

　　马兰头菜，摘取它嫩
的部分，加上醋，与笋块
拌起来吃。特别是吃油
腻之后，吃几口马兰头拌
笋块，清爽可口，还能用
它来治疗食欲不振，令胃
口大开。

　　据说，宋代名医钱乙用
马兰头替人治过病。他写
有《小儿药证直诀》，被誉
为儿科鼻祖。

　　有一回，他白天看了一
天病人，实在累；晚上总算
得了闲，于是和好朋友聊天
喝酒，爽快！有什么下酒菜
呢？时鲜货，是他妻子从河

边挑来的野菜——马兰头。

忽然，门外传来了小孩的号哭声，由远渐近，不一会儿，一位妇人领着一个号啕大哭的小孩来到了门前。妇人一见到钱乙，连忙跪下磕头，哭着说："我儿子在山上玩耍，腿被蛇咬了，疼得要命，请神医救救孩子。"

钱乙立马站起身来，紧皱着眉头，仔细瞧了瞧小孩的伤口，说道："还好，不打紧。"可他心里犯了愁：这个时候街市上药铺早已关门了，药到什么地方去取呢？

他灵机一动，桌上吃的马兰头也能治蛇咬伤啊。他转身从家里抓了好几把马兰头，交给那妇人，并告诉她："回去将这些马兰头洗净，其中一把捣烂挤汁敷在小孩伤口上；剩下的水里焯一下，挤干切末，用麻油、酱油、糖拌和，一日三餐做菜肴给小孩吃。"

妇人感恩不尽，回家后遵照钱乙的吩咐，一一照办。第二天，那小孩果然疼痛减轻了，不久，被蛇咬伤的地方也好了。

我猜测，这故事只是为了突出钱乙是个"神医"罢了。被蛇咬，哪能如此简单处理？除非那本就是一条毒不厉害的蛇。不过，马兰头确有药效，有朋友亲身体验过："小时候在家，手脚碰破了，奶奶总会抓一把马兰头，放嘴里嚼碎，敷在我的伤口上，立马感觉伤口凉凉的，不一会儿，血就止住了。"

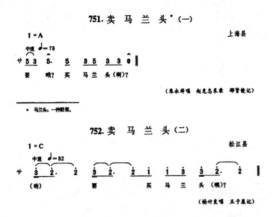

751. 卖 马 兰 头·（一）

上海县

```
1=A
中速 ♩=78
5 3 5. 5 3 5 3 3 0
要   哦? 买 马 兰 头 (哎)?
```

（朱永祥唱 赵克忠采录 邵贤牲记）

• 马兰头，一种野菜。

752. 卖 马 兰 头（二）

松江县

```
1=C
中速 ♩=82
3 2. 2 3 2. 1 1 3 3 2. 2
(哦)  要  买 马 兰 头 (哎)?
```

（杨竹良唱 王子晨记）

当你看到这篇文章的时候，如果刚好是春天，请找个机会，去做一份"有趣味的游戏的工作"，剪一点儿野味。如果是其他季节，去看看马兰头是否真长到了那么高，如果它正开着花，那多美好！如果你只能去菜场买一把马兰头，那也是好的，我告诉你两段卖马兰头的吆喝声，让你找一找"小楼一夜听春雨，深巷明朝卖'马兰'"的感觉。

对啦！在《西游记》中，有一回，唐僧师徒曾在一个樵夫家里吃了多种野菜，其中有"烂煮马蓝头，白燿狗脚迹"。马蓝头，就是马兰头。狗脚迹呢？它好像跟马兰头好配啊！也请你去找找它是什么吧！它的叶子很像狗脚印呢。

04

春分

竹笋

笋十斤，

蒸一日一夜，

穿通其节，

铺板上，

如作豆腐法，

上加一板压而榨之，

使汁水流出，

加炒盐一两，

便是笋油。

其笋晒干，

仍可作脯。

竹笋是从竹子的根部长出来的。

春天有春笋，春笋能长成竹子。冬天有冬笋，通常不会长出地面。因此，如果冬笋没有被挖出来，就都烂在地里。

竹笋算得上是美味，可偏偏有这样一副对联：墙上芦苇，头重脚轻根底浅；山间竹笋，嘴尖皮厚腹中空。

都说"人不可貌相"，竹笋就可以"貌相"了？当然不行！往小了说，竹笋是道菜，多少人喜爱它呀；往大了说，竹笋还能帮人发家致富。不信？来瞧瞧这一位。

金山玉笋

明朝年间，光泽司前的山旮旯里有一个村庄叫郑家坑。村头上住着一个叫郑谋利的人，光听"谋利"这个名字，就知道他是个生意行家。没错，他家开了家造纸坊，制作连史纸卖。这连史纸又称连四纸，是出了名的东西，历来为书法家、画家钟爱。做出一张连史纸，要仔细地经过整整七十二道工序，哪一道都不能马虎。一旦做成了连史纸，便给了它千年的寿命，纸白如玉，永不变色。

有一年，郑谋利把连史纸运到城里墟场上卖，卖的可都是上等货，但因卖连史纸的人实在多，就卖不出好价钱了，自然也赚不了几个钱。有一个在外地做生意的亲戚跟他讲，从水路把连史纸运到老远的汉口去卖，准能卖上好价钱。

郑谋利来到汉口，住在一家姓周的老板开的客栈里。这是他第一次出远门做生意，心里想着要节俭些，鸡鸭鱼肉就不吃了，平时在家里配饭的菜多半是笋干和粗菜，于是他每日叫伙计煮笋干配饭。

周老板见姓郑的客商每日只吃笋干配饭，鸡鸭鱼肉和其他蔬菜都不沾，心想这位客商一定是个大财东，对他十分敬重，每日小心侍候，不敢有半点儿怠慢。

个把月过去了，郑谋利运来的一船连史纸卖了个好价钱。他想早些回家，就找到周老板结算住店钱。哪晓得周老板算盘珠子一打，差点儿把郑谋利打晕过去——光他每日吃笋干的菜钱，就把卖连史纸得来的钱花去了大半。他万万没想到，山里人根本不稀罕的笋干在这里竟值那么多钱，比鸡鸭鱼肉还贵得多，而且这里的笋干还远没有家里的笋干好吃。不过，这时明白已经太迟了，他赔了这次买卖，连归厝（回家）的盘缠还是央求周老板借的。

郑谋利回到家里，把这次做生意亏本的事讲给村里人听，大家听了都觉得这是个奇事。郑谋利脑子活，回来之前就想好了，这次买卖是赔了，但换来一门好生意，他跟村里人商议，到厝背（屋后）的大山里去做笋干，然后运到汉口去卖。

来年开春，郑谋利和村里一伙人来到金山脚下，搭篷住下，整日挖笋，做笋干。这年正值春笋大年，两个大仓库都积满了笋干。郑谋利看得两眼放神采，信心满满。秋凉时分，郑谋利把笋干运到汉口。这一回，他还是住在周老板的客栈里，送了周老板几斤笋干，把去年借的盘缠也还上了。

第二天，郑谋利在十字路口的大墟场摆了摊，他有意当着众人把笋蔸切去长长的一截丢在街道上。过路的人见了这一片片澄黄晶亮的笋干，都围上来问价，还有些贪小便宜的人趁没人注意，赶紧捡起丢在地上的笋蔸藏进衣兜里。郑谋利向围上来的人说："在我家乡，笋多得不得了，这笋蔸丢得满地都是。"说完，他还打开一捆笋干，你一片、他一片地分给左右街坊，众人乐得眉开眼笑。就这样，郑谋利的笋干生意在汉口打开了销路，做得顺顺利利。

后来，周老板与郑谋利结拜成兄弟，他们一起在汉口开了一家笋干店，为笋干取了个好名字——金山玉笋，意思是，那笋是从金子一样的黄泥山上生出来的，又白又脆，胜过白玉。

打那以后，出自郑家坑金山上的笋干便出了名，越销越远。

这郑谋利是福建人，从方言"厝""墟场"就可以看出来。

我国南方多竹笋，对郑谋利来说，竹笋再普通不过，但换一个角度去看，这土货就是土特产啊，把它贩卖到北方，不就值大价钱了？古往今来，多少生意人做的都是东西贸易、南北买卖啊。所以说，东西都能值大价钱，关键看它卖在什么地方。

还有很重要的一点，把新鲜竹笋做成笋干，方便保存，可以多吃一段时间。这与把肉做成腊肉、把菜做成腌菜是一样的道理。把食物的保存期变长，是充满智慧的一件事。

那么，谁是第一个把竹笋做成笋干的人呢？

天目笋干的传说

临安天目山早就出名了，它由东西两座山峰组成，东边的叫东天目山，西边的称西天目山。目，是眼睛的意思，一座山为什么叫天目呢？我们先来看几个比喻：苏东坡上奏疏《乞开杭州西湖状》，"杭州之有西湖，如人之有眉目"；王观填词《卜算子·送鲍浩然之浙东》，"水是眼波横，山是眉峰聚。欲问行人去那边？眉眼盈盈处"；黄幸玲写诗《湖》，"湖是大地的眼睛，蓝天、白云、青山和绿树都映在明亮的眼睛里"；王蒙作文章《湖》，"我喜爱湖。湖是大地的眼睛，湖是一种流

动的深情"。你看，它们都跟水有关。在天目山东西两峰顶上，各有一池清水，便有了"天目"美名。

在一千四百多年前的某一天，一个叫萧统的人来到山清水秀的天目山。他走啊走，走进一片葱翠的竹林，捏捏这支小竹，摸摸那支毛笋，十分喜爱。不知不觉，他在竹林深处迷了路，但他并不着急，仍慢悠悠地走着。

这萧统是什么人？论起来大有来头。他是梁武帝的长子，南朝梁国的太子。那年，他母妃去世，伤心难过；商议家事时，又与父皇发生了争执；加上太监鲍邈之从中挑拨，使他受到父皇的指责。他是个性刚强的人，决心离开是非之地，来了一场说走就走的旅行。

这不，他来到了天目山。走在竹林里，满眼翠竹，有一种说不出的舒服。走啊走，他看到远处有一间茅屋，便放开脚步，朝它走去。一进茅屋，见有一个老和尚，盘着莲花座，捧着经书在默念。萧统不便打扰，就在一旁等待。闲着无事，他走过来，踱过去，步子很轻；看看窗外天色，他摸了摸肚皮，转个身，见屋里有笋，煮一锅吧。

大约过了一炷香的工夫，老和尚收好经书，打了个哈欠，慢慢站起来走了出去，一边走，一边摇头，一边自言自语："唉！太深奥了！"老和尚所说的深奥，一点儿也不假。当时由梵语翻译过来的经书用词深奥，而且，那时候又没有标点符号，读到哪个字该停顿，凭的是个人的水平。老和尚一走，萧统就摊开经书，一句话一个圈，认认真真地圈点起来。他从小聪明，五岁时就遍读了四书五经，这圈点的活儿对他来讲，难度不大。他是太子，更是读书人，这圈点的活儿一上手，就把锅里正在煮笋的事忘得一干二净。

当他想起了笋，揭开锅盖一看，笋已煮得干干的了。"呀！笋干了。""笋干"就这样被叫出名来了。他皱起了眉头，一边想，一边撕着笋干。撕啊撕啊，石桌上撕满了一大堆。他想：笋这么干，怎么办呢？转念一想，回锅再煮一煮吧！

过了一会儿，老和尚回来了。萧统这才放下手上的经书，连忙揭开锅盖，一看，愣住了，眼前是满满一锅汤啊。原来，刚才笋干放少了，水加多了。也难怪，他是太子嘛。老和尚一看，先是愣了一愣，然后尝了一口，啧啧嘴，高兴地说："汤真鲜！比吃笋还好呢。"萧统也尝了尝，果然清香可口，味道蛮鲜。笋干泡汤，就一传十，十传百，被传开了。直到现在，用笋干泡汤，人们还是喜欢把它撕成条，吃起来方便，笋味也浓。

所以说，这笋干是太子萧统发明的呢。

接下来的几年里，萧统就在天目山修禅、编书，把《金刚经》分了章节。因为用眼过度，眼睛看不见了，幸亏老和尚取来泉水，洗一洗，才复明。至今，天目山上还有"洗眼池"呢。

竹笋不仅能做笋干，还能榨取笋油。笋油？这还是头一回听说，它是怎么榨取的呢？

笋十斤，蒸一日一夜，穿通其节，铺板上，如作豆腐法，上加一板压而榨之，使汁水流出，加炒盐一两，便是笋油。其笋晒干，仍可作脯^①。

（摘自袁枚《随园食单》）

注解

　　①脯：本义肉干，本文中指笋干。

译文

　　取十斤新鲜竹笋，蒸上一日一夜，把竹笋的关节处都打通，铺在板上，像做豆腐一样，在上面再加一块板，板上再压一些重物，让竹笋的汁水流出来。把这汁水收集起来，倒入锅中，加一两食盐，炒一炒，笋油就做好了。被压榨过的竹笋，晒干，仍可以做成笋干。

　　全世界竹子有500多种，所以，竹笋的种类也很多。有一种笋挺特别，叫不孝笋。

不孝笋的传说

　　相传很早的时候，有一位儿媳，总嫌婆婆吃得多做得少，经常对她发脾气，一不顺心，骂是轻的，还要动手打婆婆呢。照理说，儿媳这么不孝，儿子应该站出来啊。谁知，儿媳吹吹枕头风，儿子慢慢变得跟儿媳一个心眼。

他们实在不该这么做啊！这位老婆婆年纪轻轻就没了丈夫，靠上山找野菜、挖竹笋才把这个独生子拉扯大，还给他娶了媳妇。原本以为能享几年福，却不料媳妇一进门，老婆婆竟堕进深渊去了。儿子和媳妇吃好的、穿好的，老婆婆吃剩饭剩菜、穿破衣烂裤，她心里苦啊！

有一回，儿子挖回来一担竹笋，儿媳故意将竹笋切成头尾两截，煮熟以后，将那又粗又老的笋菩头给老婆婆吃，那又脆又嫩的笋尖留给自己吃。老婆婆没牙齿，哪咬得动笋菩头，只好暗暗流泪。

灶神看不下去了，将这事告诉了山神。山神很恼火，在周围的竹山上施了法术。从此，山上的竹笋变了样，笋菩头变得又白又脆，笋尖却又老又粗。

过了些日子，儿子又挖来竹笋。媳妇照样那么做。她怎么也想不通，往日脆嫩的笋尖，如今却怎么也咬不动了。这天晚上，他们夫妻做了同样的梦，梦里，山神对他们说："你们不孝顺老人，连笋也不服气呢！今后，你们就吃硬笋尖吧！"

从此以后，这种笋，被人们叫作"不孝笋"。

"不孝笋"与"不孝顺"读音相近，所以人们才编出这样一个故事。既然有"不孝笋"，那就有"孝笋"——比如，"孟春哭竹，快快出笋""孔立哭竹，雨后春笋"。竹笋的故事，就讲到这里吧。

05

清明

蕨菜

蕨，
状如大雀拳足，
又如人足之蹶也。
故谓之蕨。

　　我们这里，每到正月间，蕨菜开始萌芽的时候，就听到山上有一种比牛虻大一点儿的小蝉，在"呃——呃——"地叫唤，一直叫到蕨菜长成草为止。因为它叫得有气无力，声音懒洋洋的，所以有人把它叫作"懒虫"。为什么这种虫子要这样叫呢?

　　古时候，有个山村侗寨里有一对夫妇，他们结婚三年，生了一个又白又胖的闺女，两口子爱她如珍宝。不幸的是，第二年，当爹的得了暴病死去，丢下母女两个。当娘的哭得死去活来，太悲痛了，没有心思给闺女取名字，只叫她"婢"。按照侗家的习惯，"婢"的娘就叫"奶婢"了。

　　这奶婢也蛮能干，家里家外样样都在行。她决心不再嫁人，拼死拼活地把婢养大，希望将来老了有个依靠。她十分疼爱婢，捉条泥鳅，捡个螺蛳，摘个野果，都留给婢吃；宁愿自己穿得破破烂烂，也要省出一匹布来给婢穿新衣。婢渐渐长大了，奶婢暗暗高兴。

侗家有句老话："女大七八会捞虾，长到九十会纺纱，十八十九当家。"可是奶婢的这个女儿却反常，越疼越懒，越大越傻。不但什么事也不帮奶婢做，还动不动就哭鼻子，成天向奶婢讨好吃的。都十一二岁了，她还常常要奶婢背，晚上要抱她上床睡觉，有时还会尿床。

一天清早，奶婢要去外婆家拿麻，用来纺线。婢哭起来，赖在地上，要奶婢背她一起去。外婆家也不远，上个坡、下个坡就到，但要背个十一二岁的胖娃娃来回走二十多里路，实在是够累人的。奶婢七诓八哄，蒸好糯米饭，煮好咸鸭蛋，说快去快回，外婆家有什么好吃的一定给她带来。这样，婢才笑了，从地上站起来。

奶婢到了外婆家。外婆把昨天上山采来的蕨菜蒸得软软的。奶婢吃了蕨菜，取了麻，就匆匆地往家赶。

远远地，奶婢就看到，她那宝贝似的婢早在门口等候，伸开两手要好东西吃。

到了家门口，奶婢说外婆家没有什么好吃的。婢不相信，摸摸奶婢的肚皮，硬说她在外婆家吃了鸡，又吃了鸭，肚皮都吃得这么鼓鼓的。奶婢说中午吃的是蕨菜，婢偏不信，抱着她的大腿号啕大哭，非要她打开肚皮看个清楚。奶婢突然来了气，拿把破鱼刀把肚皮划开，倒地死去。婢翻开肚子一看，全是蕨菜。见奶婢死了，这时她才放声"奶也——奶也——"地哭了。年长月久，她哭叫得喉咙干了，声音哑了，连"奶也奶也"都叫不清了，变成"呃——呃——"的了。

这是个侗族故事，里边出现了蕨菜，但跟蕨菜也没有太大关系，可我就是想把它放在开头，我想说，做人还是要勤快一点儿的。

我挺勤快的。每年清明上山扫墓，下山途中，沿窄窄山路左右三五米范围内，和家人一起，折一把"蓝鸡头"回家烧来吃，时鲜货。家乡话中，"蓝鸡头"就是蕨菜。我不知道这三个字该怎么写，照发音标上汉字，跟中学时学英语一样，"古德毛宁"，有明星范。但我敢保证，"头"字肯定是对的，折来吃的，就是它的嫩头，而"蓝"字大概也不会错，折来的蕨菜，茎上有绒绒短白毛，色青也有蓝，若水里一煮，倒都是紫色的了。唯独这"鸡"字，真说不准，难道蕨菜头上卷曲像鸡冠？可能吧。

在蕨菜的别名中，"拳头菜"这三个字真是形象。《本草纲目》载："蕨，处处山中有之，二三月生芽，拳曲如小儿拳，长则尾开如凤尾，高三四尺。"这条记载，可为"拳头菜"作注解，但还不够形象，忽略了它的茎。《说文通训定声》的记载就绝了："初生如蒜苗，无叶……亦似小儿拳，故曰拳菜。"把蕨菜与蒜苗联系起来，妙极！古人对一样事物的描述真是到位，短短几个字，形象却精致、丰满。大概他们时间慢，没手机、没电视、没网络，所以能静心琢磨，我们则比较难做到。

蕨菜还有一个别名，我对它很有好感，叫"龙爪菜"。龙的传人对"龙"总有特别的情感，在字里行间遇着它，便会多看它一眼。

相传，很久以前，布依族有个心地善良的漂亮姑娘，她是村子里做蜡染的高手。有一次，她病了，躺在床上，身体一天不如一天，气息奄奄。家里人着急，请郎中配药，没用；请鬼师来家里驱鬼，也不灵验。真是急得人心头痒痒，又使不上劲。

一天，她说，想吃龙爪菜。母亲就上山去采，洗净，烧给她吃。想不到啊，她吃了以后就觉得舒服多了，还能坐起来了。母亲见龙爪菜对女儿的病有用，连着上山去采。靠这龙爪菜，姑娘的病竟然好了。

一家人都很高兴，这姑娘更高兴，把这救命的龙爪菜画在蜡染布上。别人一看，布上染了龙爪菜，好看，充满了生命力，便纷纷模仿起来。慢慢地，龙爪菜便成了布依族蜡染的常见图案。

农谚说，蕨菜摘来是宝，不摘便是草。这是因为蕨菜长得快，刚刚破土而出，逢清明时节雨，一夜间便长两三寸。蕨头呈拳头状是最佳采集时间，三四天后，拳头一伸开，茎就老了，不能吃了。

《埤雅·释草》载："蕨，状如大雀拳足，又如人足之蹶也。故谓之蕨。"鸟雀之足握起来像蕨菜拳头，再次佩服古人的比喻功夫。古人对蕨菜的了解，超乎我的想象，从第一个吃蕨菜的人到用蕨菜、蕨根做成各种美味，其间有多少人如神农尝百草一般。仍是《本草纲目》载："其茎嫩时采取，以灰汤煮去涎滑，晒干作蔬，味甘滑，亦可醋食。其根紫色，皮内有白粉，捣烂，再三洗澄，取粉作粔妆，荡皮作线食之，色淡紫而甚滑美也。"这"涎滑"感受，我有体会，即使水里煮过再烧菜吃，嚼在口中，仍是滑滑的，而"粔（油炸食品，类似麻花）""线"我都没尝过，好奇它们是什么味。如番薯粉做起来一样吗？

蕨菜被记载在药书中，自然是一味药。前面，它救了一位姑娘；这回，它救了一位土郎中。

我们知道歇后语"八仙过海——各显神通"。这八仙之中，有一个铁拐李。相传，他姓李名玄，拜太上老君而得道成仙。他本来长得帅帅的，也不用拐杖，不幸的是，他神游时，肉身误被徒弟火化了，所以他的魂魄没了居住的地方。让魂魄无所依靠飘来荡去吗？不行啊，还是要给它找个房子。凑巧，路边有一具饿死的尸身，他就附上去了。从此，他的形象变了，蓬头垢面，袒腹跛足，手拄铁拐，还有了"铁拐李"的称号。

有一天，铁拐李漫无目的地闲逛到了深山老林里，经过一个破旧的茅草屋，听到里面有人在不停地痛苦呻吟。他摇摇头，叹口气，推开门走了进去。

茅屋里，一位胡须花白的老人躺在床上。几句交谈之后，铁拐李明白了：这是一位土郎中，得怪病好多年了，每年春天都会复发，疼痛难忍。为了医好自己，他也曾多方求药，但没有任何疗效。每到春天来临，他就住进深山里，采药止痛。可这一回，药还没采呢，病却先发了，所以，他只能躺在床上呻吟。

铁拐李不忍他再痛苦下去，出门去给他采药，土郎中千恩万谢。可在铁拐李把药采回来之后，土郎中怀疑起来：这不是蕨菜的嫩芽吗？怎么可能治好我的怪病呢？我也真是，怎么会相信一个瘸了腿的潦倒的乞丐呢？唉。

铁拐李早晓得土郎中是怎么想的，说："这确实是蕨菜，只要你按时服用，药到病除。"说完，他当着土郎中的面，瞬间消失得无影无踪。土郎中惊得一下子坐起来，难道是神仙下凡？他抱着试一试的心态吃下了蕨菜，没想到果然灵验。后来，他才知道，那潦倒的乞丐竟然是八仙之一铁拐李。

好一个做好事不留名的铁拐李啊。接下来，我要说一个"狠"的！传说中，蛇都是由蕨菜变来的。不但蕨菜能变蛇，而且这蛇还能变回蕨菜去。

太尉郗鉴，字道徽，镇①丹徒。曾出猎，时二月中，蕨始生。有一甲士，折食一茎，即觉心中淡

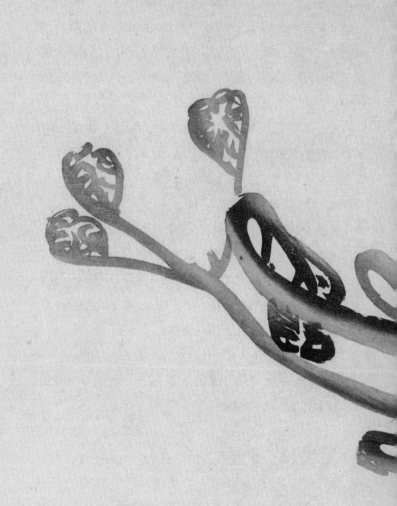

淡，欲吐。因归，乃^②成心腹疼痛。经半年许，忽大吐，吐出一赤蛇，长尺余，尚活动摇。乃挂著屋檐前，汁稍稍出，蛇渐焦^③小。经一宿^④视之，乃是一茎蕨。犹昔之所食，病遂除^⑤。

（摘自陶渊明《搜神后记》）

注解

① 镇：镇守。

② 乃：就。

③ 焦：干燥。

④ 一宿：一夜。

⑤ 除：去掉。

译文

太尉郗鉴，字号道徽，在丹徒县镇守。他有一次曾率士兵去打猎，当时正值二月中旬，蕨菜刚刚长出来。有一个兵士，摘了一根蕨菜的茎来吃了，顿时觉得腹中翻肠倒肚想呕吐。因此回来以后，就患上了心腹疼痛的疾病。大约经过了半年时间，有一天他突然剧烈呕吐，吐出来一条红色的蛇，约有一尺长，还是活着的，能动弹。兵士就把这条蛇挂在屋檐的前面，稍稍滴出些汁液，蛇就逐渐干燥而变小了。过了一夜之后再看这条蛇，它已经变成了一根蕨菜的茎，就像上次他吃下去的蕨茎一样。他的病也就好了。

蕨茎化蛇，是不是惊讶得目瞪口呆？其实，这只是古人对大自然了解不深，如"腐草化萤火虫""蛇化鸡""竹紫变鸡"一般，太不科学，但山间蕨菜之旁，真的很可能有蛇游过，我就见过。如果你去山间折蕨菜，可要注意安全啊。

06

谷雨

香椿

上古有大椿者，
以八千岁为春，
八千岁为秋。

　　香椿树，家乡话叫"黄椿树"或"王椿树"，方言发音"黄""王"不分，我实在辨不清。如果让人挑选，估计有人会挑"黄"，有人会挑"王"，而且各自都能讲出一番道理来。若问我，我挑"王"，理由是庄子《逍遥游》载："上古有大椿者，以八千岁为春，八千岁为秋。"俗话说，天上一天，人间一年。而这棵椿树，人间八千年才抵得上它的一个季节，人间三万两千年才是它的一年，那它多长寿呀！绝对是长寿之王啊，所以叫"王椿树"合适。另外，有两个民间传说也支持"王椿树"。

　　西汉末年，皇太后的侄子王莽夺了汉家天下。汉朝开国皇帝刘邦的后代，一个叫刘秀的人，站出来跟王莽对着干。有一年春天，王莽派兵追杀刘秀，追了几天几夜，也没能抓住刘秀。刘秀去哪儿了？他躲在一间旧屋子的房顶上，旁边有棵香椿树，他靠吃香椿叶子过了三天三夜。如果没有这棵香椿树，刘秀即使没被追杀，也饿死了。

后来，刘秀做了皇帝，建立了东汉。有一年春天，他回想过去，对太监说："那年朕被王莽追杀，是一棵树救了朕的命。它的叶子尖尖的，叶筋密密的，吃起来香香甜甜。今日想起来，不能忘了它的恩德啊，朕要报答它，封它为王。"

几天之后，太监陪刘秀去郊外踏青。刘秀看见了一棵椿树，叶子尖尖，叶筋密密，他突然下马跪拜，像当年秦始皇拜荆条一般，然后道："朕念你恩德如天，封你为百树之王！"

皇帝金口一开，就传开去了。可是，刘秀封错了！当年救他的是香椿树，受封的却是臭椿树。这也难为刘秀了，香椿树和臭椿树长得太像了，但是，一个香，一个臭，怎么能一样呢？所以，每到春夏清晨，香椿树总爱滴露珠，这是香椿树对刘秀的误封表示伤心呢。

另一个传说与唐太宗李世民有关。

相传，唐太宗从洛阳出发，前往辽东督战。路途遥远，连日颠簸，他非常疲倦。贴身女官高惠通担心他的身体，便找了一户农家，说明来意，请农人给唐太宗做点儿好吃的。农人很高兴，但又很为难，按当地风俗，招待贵客至少要有四道菜，可家里只有一只母鸡两个蛋，怎么办呢？院子里有一棵老树，枝上长满了嫩芽，他灵机一动，四道菜有了——清炖母鸡、嫩芽炒蛋、蒸鸡蛋、嫩芽裹面糊油炸。

饭菜做好了，农人高高兴兴端上桌，高惠通一看，却生气了："你竟敢给当今皇上吃树叶？"农人吓得跪在地上，一五一十地说了家里的情况。高惠通向唐太宗作了禀报。唐太宗笑着走进了院子，饱饱地吃了一顿。"真好吃！肥嫩清脆，满口清香。"他问农人，"这是什么菜？"

农人指了指院子里的老树："就是那树上的嫩芽。"

唐太宗又问："这是什么树？"

农人为难了："我也不知道，好像没有名字。"

"我给它取个名字吧。"唐太宗想了想说，"现在正是开春，用树芽做出的菜又很香，就叫它'香春'吧。"

唐太宗东征回朝后，第二年春天，他想起了"香春"，便吩咐人去采摘、烹饪，与大臣们一同分享。大臣们品尝后，个个赞不绝口：肥嫩、叶紫红、油汁厚、香味浓、无木质、清脆可口！唐太宗龙颜大悦，将它封为"百树之王"。因为它是树，唐太宗给"春"字加了个"木"字旁，便叫它"香椿"。

俗话说，房前一株椿，春菜常不断。我老家房子四周有十几棵香椿树，小如碗口粗，大如水桶粗、三四层楼房高。采摘香椿头，是个技术活。爬梯子当然可以，就是不够灵活，所以一般都找一根长长的竹竿，上头绑一把柴刀或镰刀，双手举起竹竿，刀锋勾住枝条，用力一拉，树枝跌落在地，捡起来，嫩芽一掰，一碗菜就有了。这绑好的竹竿与刀，平躺在房子墙根，用时俯身一提，直到芽头老去、枝繁叶茂了，才会把它们解开。在春天，竹竿与刀有一场约会，挺好。

我喜欢吃香椿，每到春天，母亲总会早早烧一碗，通常是香椿炒蛋，偶尔也有香椿炒鲜竹笋或者香椿拌豆腐。香椿那股异香，不仅留在唇齿之间，更在记忆之中。现在，城里的菜场到了春季就有卖香椿的，但味道比不上家乡地道。母亲总说，喜欢吃的，说它香；不喜欢吃的，便说它臭。这么说是对的，各有所爱嘛！但是，椿树真是分香椿和臭椿的，乍一看，容易把它们搞混认错，前面刘秀误封就是这个原因。在古代，称香椿为椿，称臭椿为樗。它们有什么区别呢？我以前并不知道。徐文兵在《春季话养生》一文中如是说：

香椿树高大、挺直，质地坚实、细腻。古代多用香椿木来制作车辕、乐器和家具什么的，堪称上等木料。而臭椿可就不行了，它生来矮小不说，还七扭八歪，质地疏松粗糙不成材。

香椿叶根部是浅绿色，叶梢部是黄褐色；而臭椿叶根部是深绿色，叶梢部是灰绿色。另外，香椿叶的边缘有稀疏锯齿，而臭椿叶则没有。此外，更大的一个特点是香椿每一枝叶片数目总是双数；而臭椿每一枝叶片数目则是单数，它总是在几对之外，上端再多长出一片来。

当然，区别它们最好的方法就是拿一片叶子用手一搓，用鼻子闻闻是什么味儿：香味儿，就是香椿；如果浊臭刺鼻，

就像药肥皂味儿，那可就是臭椿了，绝对不能吃。

所以，若是自己去采摘香椿，千万别认错哟！

真正爱食鲜的，不仅"自己动手、丰衣足食"，更能从食物中感悟点儿什么。瞧，李渔就是这么干的。

　　葱蒜韭三物，菜味之至重者也。菜能芬人齿颊①者，香椿头是也；菜能秽人齿颊及肠胃者，葱蒜韭是也。椿头明知其香而食者颇少，葱蒜韭尽识其臭而嗜之者众，其故何欤？以椿头之味虽香而淡，不若葱蒜韭气甚而浓。浓则为时所争尚②，甘受其秽而不辞；淡则为世所共遗③，自荐其香而弗受。吾于饮食一道，悟善身处世之难。一生绝三物不食，亦未尝多食香椿，殆④所谓"夷惠⑤之间"者乎？

（摘自李渔《闲情偶寄》）

注解

　　①齿颊：嘴巴，牙齿。

　　②尚：喜欢，爱好。

　　③遗：遗忘，忽视。

　　④殆：大概。

　　⑤夷惠：夷指伯夷，惠指柳下惠，都是古时有操守的人。

译文

　　葱、蒜、韭菜这三样东西，是蔬菜里面气味最重的。能使人唇齿芳香的是香椿芽；能使人唇齿和肠胃都带着难闻气味的是葱、蒜、韭菜。明知香椿芽香，吃这菜的人却少；明知道葱、蒜、韭菜臭，喜欢吃的人却很多。这是什么原因呢？因为香椿芽的味道虽然香却比较淡，不像葱、蒜、韭菜的味道那么浓。味道浓就被人们喜爱，甘愿忍受难闻的气味；味道淡就被人们忽视，就算香气能引起注意，也不被接受。我从饮食中悟出了为人处世的难处。一个人一生中葱、蒜、韭菜绝对不吃，也没有经常吃香椿，大概算是个有操守的人了吧！

　　在乡村，还有这样的习俗：每到除夕晚上，小孩子要去抱一抱椿树，唱一唱歌谣："椿树王，椿树王，你长粗来我长长，你长粗了做屋梁，我长长了穿衣裳。"

　　用香椿木作屋梁，有特别的讲法，叫"百子同春"。柏木、梓木、桐木、香椿木，取其谐音，合为"百子同春"，大吉大利。我家造新房上梁时，为找齐这四种木头，真花了不少工夫，一般都是要提前预备着的。

　　吃香椿，也是要提前预备着的。在城里工作，时机一到，母亲就会来电："王椿头要不要？"

　　"要！"

07

立夏

土豆

土芋，
一名土豆，
一名黄独。
蔓生，
叶如豆，
根圆如鸡卵，
肉白皮黄，
可灰汁煮食，
亦可蒸食。
又煮芋汁，
洗腻衣，
洁白如玉。

　　土豆，"土地里的豆子"，真是一个可爱的名字。想象一下，把一粒晒干的黄豆放大几十倍，是不是还真有点儿像土豆呢？如果你亲自挖过土豆，或握紧土豆的茎叶将它拔起，或用钉耙锄进地里掀开来，除了大个的土豆，总有几个小的，甚至是非常小的土豆，像鸡肚子里的卵，零零落落或密密麻麻。

　　据说，我国最早记载土豆的，是一个做过礼部尚书的明朝人，名叫徐光启。

　　土芋，一名土豆，一名黄独。蔓生，叶如豆①，根②圆如鸡卵，肉白皮黄，可灰汁③煮食，亦可蒸食。又④煮芋汁，洗腻⑤衣，洁白如玉。

（摘自徐光启《农政全书》）

①豆：豆叶。

②根：块茎。这里指土豆。

③灰汁：植物烧成灰，用水浸泡、过滤后的水。

④又：另外。

⑤腻：污垢。

译文

土芋，又叫土豆，也叫黄独。有枝蔓，叶子像豆子的叶子，块茎圆圆的像鸡蛋——黄皮白肉，可以用灰汁煮着吃，也可以蒸着吃。另外，煮土豆的水，可以用来洗脏衣服，有去污的功能，把脏衣服洗得干干净净。

《农政全书》成书于明朝万历年间，说明在此之前，我国就已经有土豆了。可我总疑心这土豆并不是我们今天餐桌上的土豆——我种过土豆，见过它开花，挖过土豆，洗过土豆，削过土豆，炒过土豆丝，我知道它不是蔓生的，而"黄独"又叫黄药，与土豆无关；我小时候家里种的土豆偏圆形，个头都不大，像现在菜场卖的大土豆，只有在卖菜小贩的三轮车上见过，后来村里才流行种大土豆，产量高。虽说土豆"黄皮"，但"白肉"还真说不上，红薯能称红皮白肉，土豆只能称"黄肉"。所以，我觉得徐光启的记载，可能被我们误解了。

土豆，因酷似马铃铛，所以也叫马铃薯。陕西省兴平县

（现兴平市）的县志记载，16 世纪时马铃薯已传入我国。虽然无法确定土豆传入我国的具体时间，但明朝就有土豆，应该是准确的。只是，当时土豆属于难得一见的上等美食，出现在皇宫里，专门有"菜户"为朝廷种植。直到清朝，那些"菜户"成了普通百姓，土豆和种土豆的方法才流传开来。

虽然土豆是明朝才传入我国的，但老百姓却编出了土豆在宋朝的故事。

杨令公率领杨家军打金兵。当时，朝廷也困难，没法给他们发粮草，让他们自己想办法解决。人困马疲的杨家军，只剩一天的粮草了，杨令公为这件事急得团团转。

正在这危困的时候，有人报告杨令公：战马从地下刨出了一种东西。杨令公出去一看，还真是，许多战马吃这刨出来的东西吃得正欢，士兵拿鞭子打都不肯走。

杨令公想：眼下将士们饿着肚皮怎么能打仗呢？既然战马能吃，人也许也能吃，不妨试一试。他叫人刨了一些煮熟，他怕有毒，自己第一个吃，香香的，觉得很好吃，就叫将士们也来吃。

将士们靠这东西填饱了肚子打了胜仗。

大家觉得这东西救了全军人的命，得知道它叫啥，他们到处打听，也没打听出名字。大家说："既然是杨令公遇到的，就叫它'杨遇'吧。"就这样，"杨遇"这个名字叫开了。但不知什么时候，人们把"杨遇"改成"洋芋"了。

读完这个故事，有没有想起叫"山遇"的山药来？如果想起来了，觉得这两个故事一模一样，你就能琢磨到编故事的方法了。

在我的家乡，土豆不叫土豆，也不叫马铃薯，而是叫"洋芋子"。带了个"洋"字，就知道它是外来客，漂洋过海，来这里安了家。

土豆最早生长在南美洲安第斯山区的秘鲁和智利一带。大约八千年前，一支印第安部落由东部迁徙到高寒的安第斯山脉，在的的喀喀湖附近定居下来，发现了野生土豆，用它来填饱肚子，还给它取了名字，叫"巴巴"。从此，土豆与人类结下了不一般的友谊：土豆满足了人类的口腹之欲，而人类将土豆带到世界各地，栽培起来，土豆家族前所未有地壮大！

在人类的历史上，土豆曾帮人类走出困境。比如，1641年，爱尔兰爆发了反英起义，却遭到了残酷的镇压。英国入侵者在爱尔兰杀人放火、捣毁庄稼，导致大多数农作物都歉收，甚至颗粒无收。这时候，长在地下的土豆，安然熬过了战火，勇敢地挺身而出，帮助爱尔兰人度荒抗灾，走出困境。这让爱尔兰人对土豆极有兴趣，所以到了1650年，土豆已经成为爱尔兰的主要粮食作物，并开始在欧洲其他地方普及。

常说鸡蛋不能放在一个篮子里。爱尔兰人如此"器重"土豆，终于在二百年后引起了一场大饥荒。1845年，一场突发的植物枯萎病横扫爱尔兰，几乎摧毁了当地所有的土豆种植，让严重依赖土豆为生的爱尔兰人措手不及，无力抵挡——大约有850万人遭到损失，110万人因饥饿而死亡，近200万爱尔兰人离乡背井，外出逃荒。

如今，土豆已经是全球第四大重要的粮食作物了，仅次于小麦、水稻和玉米。在我们的生活中，不管是薯条、薯片、土豆泥，还是糖醋土豆丝、土豆牛肉、土豆鸡块，都让人喜欢。真的很难想象，在16世纪中期，土豆被一个西班牙殖民者从南美洲带到欧洲时，由于它外形不规则、灰头土脸的，那时人们只是欣赏它花朵的美丽，把它当作装饰品。即使到了19世纪初期，俄国的彼得大帝游历欧洲时，他花重金买了一袋土豆，结果也是种在宫廷花园里观赏。这是把土豆这"大材"小用了吗？如果你家里买来了土豆，还没来得及吃就发芽了，不妨做个盆景吧，看看土豆花，挺好。再想一想，到底是土豆征服了人类，还是人类征服了土豆？我觉得是土豆征服了人类！你觉得呢？

土豆，法国人叫它"地苹果"，比利时人叫它"巴达诺"，德国人叫它"地梨"，美国人叫它"爱尔兰薯"，芬兰人叫它"达乐多"，俄国人叫它"荷兰薯"，我叫它"洋芋子"，我想讲半个巫婆和土豆的故事给你听。

瘦巫婆和胖巫婆在地里种了土豆，丰收了！

"哦，快快背回家！"瘦巫婆背起一背篓土豆往家走。

"哎哟，一点儿力气也没有了！"胖巫婆跟在后面磨磨蹭蹭。瘦巫婆知道她在耍赖，笑笑说："我来背吧！"

立夏·土豆

065

这么好的土豆，自己吃有什么意思啊！回家路上，瘦巫婆送了几个土豆给花栗鼠妈妈。

"哇——有土豆吃了，可以吃到香香的土豆饼呢！"小花栗鼠看见妈妈篮子里装了那么多土豆，高兴得直嚷嚷。

"孩子们，快谢谢巫婆奶奶！"花栗鼠妈妈也很开心。

只有胖巫婆不怎么高兴，她想：这样送下去，我们的土豆不就越来越少了吗？那可不行！于是，等瘦巫婆把土豆送给獾子大叔时，胖巫婆偷偷念起咒语："呀呀，变！"瞬间，獾子大叔簸箕里的土豆都变成了石头。就这样，一路走，一路送，一路变，最后，筐里只剩下一个土豆了。"快回家吧，我还等着喝土豆汤呢！"胖巫婆馋得不得了。

回到家，瘦巫婆走进厨房开始煮土豆汤。

"放点儿芝麻，放点儿香菜，放点儿胡萝卜……"胖巫婆舔着嘴巴对瘦巫婆喊。

没过多久，土豆汤煮好了。

"我喝汤就行，这个土豆给你吃吧！"瘦巫婆把汤锅里唯一的土豆放进胖巫婆碗里。

"谢谢，谢谢，那我就不客气了！"胖巫婆舀起土豆就往嘴里放。

"嘎嘣——""哎哟，哎哟……我的牙！"不好啦，胖巫婆的牙齿被崩掉了。原来她不小心，把所有的土豆都变成了石头。

"有人在家吗？"

就在胖巫婆捂着嘴在地上蹦的时候，屋外来了许多小动物。

"坏了，一定是它们也崩坏了牙，找我算账来了！"胖巫婆吓得藏了起来。

"喂，别开门！"就在她要阻止瘦巫婆开门时，门已经开了。

……

半个故事讲完了，接下来会发生什么呢？无限可能，任你想象。土豆变石头，石头变土豆，都是很有想象力的。

08

小满

南瓜

海盐张芑堂，

少年曾受业于丁敬身先生。

初及门时，

囊负南瓜二枚为贽，

各重十余斤。

丁先生欣然受之，

为烹瓜具饭焉。

浙中至今传为美谈。

　　冬日的某个下午，阳光正好。奶奶把老南瓜切成块，放在锅子里蒸，香气四溢，这是我童年时代最好的点心。每次去饭店吃饭，点一份"五谷杂粮"，思绪总会回到那个阳光正好的下午。要是在老南瓜上撒一些白糖，那就更甜滋滋了。

　　我以为，我对南瓜是十分了解的，从小到大，我的胃消化了多少南瓜呀！可有一回，我指着南瓜说："这是南瓜。"身旁的朋友却说："这是北瓜。""这是京瓜。"原来，同一样东西，在不同的地方，有不同的叫法。还有人告诉我："南瓜本来叫'难瓜'。"

　　俗话讲"六月飞雪，生离死别"。相传大宋年间，杨家将率军驻守边关，抵抗金兵。那年六月，他们抵达边关不久，一场大雪突如其来，河面结冰坚硬如铁，由此生出不少变故：

边关军营里没有御寒的衣物，新一批粮草陷在风雪之中没能按时到达，将士们饥寒交迫，金兵却虎视眈眈，大宋的国运危如累卵。

真是没办法了！除主将骑的军马外，其他马匹已经宰了吃了。如果此时金兵来战，那么将士们将毫无应战之力。这可如何是好！

一天晚上，杨宗保和狄青二人踏着积雪在外巡视，无意中发现了一片黄黄的、像磨盘一样的瓜。杨宗保一剑劈开一个瓜，说："此瓜要是能救我之急、解我之难就好了。"狄青一看那瓜，肉黄籽白，十分诱人，当即拿起一块，闻了一闻，咬了一口，清香扑鼻，味甜可口。他们马上带了几个瓜回去，放在锅中煮熟，三下五除二吃光光，真是饥不择食！幸运的是，将士们吃得挺香，填饱了肚子，个个精神抖擞。

于是，杨宗保派出一支小分队，摘瓜当军粮。靠着这片瓜，将士们坚持了好几天，终于等到冰雪消融，粮草运到。杨宗保松了一口气，感慨万分，说："亏得此瓜解我之难也。"经他这么一说，大家就把这种瓜叫作"难瓜"。

后来，有人认为"难瓜"这名字不雅。因为有冬瓜、西瓜、北瓜，所以就把"难瓜"叫成了南瓜，一直叫到今天。

南瓜有很多品种，其中两种在菜市场最常见：一种是扁的，一种是长的。有人告诉我，扁的才叫南瓜，因为"南"这个字扁一些；而长的叫北瓜，因为"北"这个字长一些。

不知这样的叫法是否正确，但我记下了，觉得好玩。

在《西游记》中，唐太宗游地府，有这样一段对话。太宗又再拜启谢："朕回阳世，无物可酬谢，唯答瓜果而已。"十王喜曰："我处颇有冬瓜、西瓜，只少南瓜。"太宗道："朕回去即送来，即送来。"于是，有一个叫刘全的人，头顶南瓜，把南瓜送去地府。

按常理，皇帝酬谢，起码得黄金千两，外加几颗夜明珠什么的，可送的却是南瓜，你说奇怪不奇怪？再想一想，难道南瓜比不上金银财宝？若碰上杨将军那样的难处，金银财宝有啥用？填不了肚子，活不了命，统统没用。

在清代的时候，还有人背着南瓜拜师学艺呢！

张芑堂南瓜作贽

海盐张芑堂[①]，少年曾受业[②]于丁敬身[③]先生。初及门时，囊负南瓜二枚为贽[④]，各重十余斤。丁先生欣然受之，为烹瓜具饭[⑤]焉。浙中至今传为美谈。

（摘自葛虚存《清代名人轶事》）

注解

① 张芑（qǐ）堂：张燕昌（1738—1814），字文鱼，号芑堂，勤奋好学，擅长篆刻、书画。

小满一南瓜

②受业：跟随老师学习。

③丁敬身：丁敬（1695—1765），字敬身，号钝丁，清代书画家、篆刻家。

④贽：古时初次求见人时所送的礼物，即见面礼。

⑤具饭：准备饭菜。具，准备。

译文

　　海盐人张燕昌，年少时曾跟随书画家、篆刻家丁敬先生学习。由于家境贫苦，他第一次登门拜访丁先生，背了两个十几斤重的南瓜当见面礼。丁先生高兴地收下了南瓜，并马上蒸南瓜，准备饭菜招待他。这一件事，至今被人称颂。

现在，我们熟悉"南瓜灯"——把南瓜雕空，里面点上蜡烛，当灯笼。这个习俗，源于古老的爱尔兰传说。有一个名叫杰克的人，是个醉汉，爱搞恶作剧。一天，杰克把恶魔骗上了树，在树干上刻下十字架，吓得恶魔不敢下来。杰克趁机与恶魔约法三章。恶魔施了魔法，让杰克永远不会犯罪，才从树上下来。杰克死后，他的灵魂既上不了天堂，又不能下地狱，靠一根小蜡烛的指引，徘徊在天地之间。传说中，这根小蜡烛放在一根挖空的萝卜里，演变到今天，南瓜灯已经完全替代了萝卜灯。

在我国南方，每逢立春，有"家家吃南瓜，迎接春天"的习俗。不少文人墨客在还未成熟的南瓜上刻下诗文图案，随着南瓜长大，瓜皮上便留下了印迹。等南瓜老去，摘它下来，搁在案头，多有生活情趣呀！比提着南瓜灯，走在暗夜里，有意思多了吧！

据报道，美国农夫种出了一个近一千公斤的南瓜。如果把它雕空，真的可以做一辆南瓜马车吧？你愿意坐进去演一回灰姑娘吗？或者驾着这辆马车去街上溜达一圈？都应该很有趣吧。

不过，这一千公斤的南瓜，在民间故事中，它只能算是小拇指上的一丁点儿，十足的一个小不点儿。

以前有位老人家，无儿无女，孤身一人，住在山间的草棚里，靠种地过日子。

春天，他在山谷里种了一株南瓜，到秋天才想到摘瓜。只见满山是藤叶，却看不到一个瓜。

他顺藤去寻瓜，不知爬了多少冈，不知蹚过多少溪，才在一个山头上寻着一个大南瓜。那个瓜呀，真大，推也推不动，大得就像一座大屋。

老人家挠挠头，没办法。这时，来了一个白胡子老头，说："推不动，剖开它！"

老人家说："没这么大的刀啊。"

白胡子老头说："我有过山龙。"过山龙又称龙门锯、螃皮锯，是用来断大料的锯，需要两人配合使用。

两个老人拉着过山龙，锯了半日，终于把南瓜锯开。

老人家说："半个南瓜还是推不动啊。"

白胡子老头说："不慌，不慌，我有办法。"

白胡子老头憋足气，用力一推，南瓜滚到了山下的大河里。半个南瓜恰像一条船。

老人家砍了一棵树，摘去树叶当船桨。正要开船，一个戏班来了。

掌班的问："老人家，我们走不动了，搭你船，船钱好说。"

老人家让戏班上船。戏班有二三十个人，十来个戏笼，统统搬上船，也只占了船的一个小角落。

船开了。掌班的说:"这船很空。我们整天做戏给别人看,今天没事干,就自做自看,乐一乐,怎么样?"

大家都说好。于是,大家马上动手,勾戏脸的勾戏脸,穿衣裳的穿衣裳,敲起锣鼓,拉起琴……

这时,一尾白条鱼正饿得慌,看到这半个南瓜,一张口,整个吞进肚子里。料不到空中有只老鹰,一冲冲下来,把白条鱼吞了。老鹰很得意,一飞飞到南山。南山住着一个老奶奶,正开窗梳头。老鹰一不小心,钻进老奶奶的耳朵里。老奶奶耳朵痒,就叫孙女:"小英,我的耳朵嗡嗡响,你拿把锄头到我耳朵里扒一扒。"

小英背着锄头,走进奶奶的耳朵里,一看,有只死的老鹰。

奶奶说:"把老鹰炖了,好配饭。"

划开老鹰的肚子,看到白条鱼。

奶奶说:"白条鱼也杀,一起烧。"

剖开白条鱼,看到半个南瓜,还有许多做戏人。戏正唱到三出,正本还没开始哩……

这个故事,像极了俄罗斯套娃,一个套一个,然后又解开来。故事里的南瓜够大吧!肯定不止一千公斤吧。

冬日的某个下午,奶奶蒸老南瓜,她把南瓜子收集起来,晒干,炒一炒,与葵花子相比,那是另外一种香味,另外一种味道。

09

芒种

黄瓜

贞观四年，

太宗曰：

『隋炀帝性好猜防，

专信邪道，

大忌胡人，

乃至谓胡床为交床，

胡瓜为黄瓜，

筑长城以避胡。』

　　黄瓜，本来叫胡瓜。

　　带有"胡"字的瓜果，一般都是外来货。据说，汉朝时，张骞出使西域，带了不少东西回来，其中就有胡瓜。

　　后来，胡瓜怎么就改名为黄瓜了呢? 黄瓜当菜，一般都是绿的、嫩的，只有留种子时，才会把它养到老，养得黄黄的。

　　凡事总有缘由。"黄瓜"这名字，也是有说法的。

黄瓜改名了

　　一千六百多年前，有个叫石勒的人。他是羯族人，做过奴隶，经过一番打拼，竟然建立了一个国家，当上了皇帝。

　　石勒制定了一条法令：不论说话还是写文章，严禁出现"胡"字，违者问斩!

他为什么要制定这样一条法令呢？原来连不少官员都称羯族人为胡人。在石勒看来，胡人是野蛮、没有文化、不讲道理的代名词，所以"胡人"这个称呼令他大为恼火。为了彻底解决这个问题，他以皇帝的身份，制定了这样的法令。在古代，皇帝最大，他怎么说，人们就得怎么做。

有一天，石勒召见地方官员。襄国郡守樊坦来了，穿着打了补丁的衣服。石勒见了很不满意，劈头就问："樊坦，你怎么衣冠不整就来了？"

樊坦慌乱之中不知如何回答是好，随口答道："这都怪胡人没道义，把衣物都抢去了，害得我只好穿破衣服……"他刚说完，就意识到自己犯错了，急忙砰砰磕了几个响头，向石勒请罪。石勒见他知罪，也就不再指责。

等召见了各位官员，谈好了国家大事，石勒请他们吃饭。石勒指着一盘胡瓜问樊坦："樊坦，这东西叫什么？"樊坦脑筋转得快，恭恭敬敬地回答："玉盘黄瓜。"石勒听后，满意地笑了。

从此以后，胡瓜就叫黄瓜了。

这故事挺有意思，石勒有意思，樊坦也有意思，但是，史书上并没有这样的记载。

时间到了唐朝，唐太宗李世民说了一番话，透露了"黄瓜"这个名字的由来。

贞观四年，太宗曰："隋炀帝性好猜防，专信邪道，大忌胡人，乃至谓胡床为交床，胡瓜为黄瓜，筑长城以避胡。"

（摘自《贞观政要》）

译文

贞观四年（630年），唐太宗说："隋炀帝（杨广）生性多疑，只听信邪门歪道，他相当提防胡人，乃至于把胡床称作交床，把胡瓜称作黄瓜，还修筑长城抵御胡人。"

跟石勒一样，杨广也忌讳"胡"字！

从此，胡瓜就叫黄瓜了。

到了今天，黄瓜已经是很普通的瓜果了，一年四季都可以买到。但在古代，黄瓜还没有大面积种植时，它却是非常珍贵的。唐太宗的妹妹、馆陶公主，把黄瓜当贡品献给唐高祖李渊，得到了夸奖。

黄瓜进宫记

李渊得了天下，把馆陶这个地方封给了他的十七女，于是他的十七女被称为馆陶公主。

每年，全国各地都要向皇帝交纳贡品。有一年初春，各地要把新鲜瓜果送给皇帝品尝。可是，馆陶这个地方在初春时节并没什么新鲜的瓜果。馆陶公主非常焦急，害怕因没有贡品而被父皇怪罪。

当地有位姓魏的农民，以种菜为生。他说，可以把自己种在小暖窖里的黄瓜作为贡品献给皇上。馆陶公主听说后，非常高兴，可她心里还是打着鼓：初春时节有新鲜黄瓜？这怎么可能呢？

但是，眼见为实啊。黄瓜藤上，有的正开着花，有的刚结了果，有的已经可以吃了。馆陶公主摘了一根黄瓜，味道确实不错，就决定把新采摘的黄瓜作为贡品送到长安去。

各地的特产送到长安后，李渊让儿女和官员们一起来品尝，然后问大家哪种特产最好吃。很多特产都是他们平常吃惯了的东西，他们边品尝边摇头。品尝到黄瓜时，大家眼前一亮，都说黄瓜既新鲜又好吃。

馆陶公主很高兴，马上挑选了一根又鲜又嫩的黄瓜让她的父皇品尝。在初春就能吃到黄瓜，李渊也大加赞赏："馆陶黄瓜最好吃！"

从此以后，馆陶公主每年都把黄瓜作为贡品送到长安去。

时间来到明朝，同样是皇帝，朱元璋想吃根新鲜黄瓜，那也是费尽了周折啊！

如果是夏天或者秋天，朱元璋想吃新鲜黄瓜，绝不是难事，可偏偏在寒冬腊月，他突然觉得吃啥都没有胃口，只想吃黄瓜，于是宫里就为了黄瓜忙坏了。

最贵的黄瓜

宫里的太监全都被派出去，在京城各处寻找黄瓜。

腊月里的冷风，飕飕地刮着。太监差不多把京城都跑遍了，终于在一条小巷里，看到一个人在卖黄瓜：新鲜，而且只有两根。但是，这两根鲜黄瓜的价格高得离谱，要卖二百两银子。

"你这也卖得太贵了吧？一百两一根！抢钱呢？"太监嫌贵，想还还价。

"你愿买就买，不买就算，我还想留着自己吃呢。"说着，卖黄瓜的人拿起一根黄瓜，三两口就吃完了。

太监一看，急忙乖乖地掏出了一百两银子，伸手去拿黄瓜。卖黄瓜的人先拿起了黄瓜，说："你想买，我也愿意卖，但现在，这一根黄瓜也要卖二百两银子了。"

太监刚想说话，卖黄瓜的人假装把黄瓜往嘴里送。太监摇着头，叹着气，只好又乖乖地拿出一百两银子，买下了那根黄瓜，拿回去给朱元璋吃。

有朋友说，二百两银子买一根黄瓜，这也太夸张了吧！

要知道，即使到了清朝，在京城，正月里的黄瓜也卖得跟现在的燕窝鱼翅一样贵。物以稀为贵，从来都是这个道理。假如说，花二百两银子买了一根黄瓜，而这根黄瓜能开启一座金山，你还觉得它贵吗？

黄瓜钥匙

在很久以前，洪山下有一个村庄，土地肥沃，水源充沛，适宜种植各种蔬菜，特别是种植黄瓜，结出的黄瓜个大、肉厚、味美，深受人们的喜爱。

村里有一位贫穷的老农，姓李，家有四口人，却只有一亩地，若种庄稼很难维持一家人的生活，为了多点儿收入养家糊口，老李将一亩地全种了黄瓜。由于辛勤劳作、精心管理，他的黄瓜长得特别好，其中有一株尤其粗壮、个大。为了防止有人偷瓜和野兽糟蹋，他在地头扎了一个瓜棚，看管瓜田。

有一天，一位南方来的风水先生路过老李的瓜园，买了几根黄瓜解渴，边吃边和老李闲谈。风水先生发现了那株特别的黄瓜，走过去细细端详，然后对老李说："我先给你十两银子定下这株黄瓜，但你必须达到我提的要求——你要给我看好这株黄瓜，秋后，我来时再给你一些银子。记住，我什么时间回来，你便什么时间摘瓜，千万不要提前摘下。"老李得了十两银子，答应了。风水先生走了。老李更加精心地管理瓜田。

秋天到了，天气渐渐凉起来，瓜田里的黄瓜藤开始枯萎了，然而那株黄瓜依然枝叶茂盛。老李信守诺言，仍住在瓜棚里看护着。又一个月过去了，天气越来越冷，眼看就要下雪。老李心想：为了看护一株黄瓜整天守在瓜棚里挨冻，实在不值。于是，他把这根黄瓜摘下来放在家中保存，等风水先生回来取。

一天，风水先生回来了，看到瓜棚已拆，黄瓜也没了，便找到老李家，看到放在家中的黄瓜，直说："可惜！可惜！"老李问："可惜什么？"风水先生说："你拿着黄瓜跟我来。"两人一直来到洪山脚下，风水先生说："我实话告诉你吧，夏天时我就看出这根黄瓜是一把开山的钥匙，可以把这座山的山门打开，将山里的金银财宝取出来。只可惜你把黄瓜摘早了，现在它只能勉强把山打开。我让你开开眼。"他把黄瓜抛向洪山，只听"轰隆"一声，山裂开了，里面的金银财宝尽在眼前。只因黄瓜摘得早，把山门打开的时间不长，"轰隆"一声，洪山又恢复了原来的样子。

如果你爱吃黄瓜，就尽情享用它吧。不管怎么说，它曾经也是贡品呢！如果有兴趣，你还可以学学古罗马人，把黄瓜种在篮子里或者装着轮子的木槽里，这样就可以随时把黄瓜移出来，让它晒晒太阳了。

10

夏至

葫芦

乃取一葫芦置于地，

以钱覆其口，

徐以杓酌油沥之，

自钱孔入，

而钱不湿。

因曰：

「我亦无他，

惟手熟尔。」

葫芦，中间细，上部和下部膨大如球，下部大于上部，像一个变形的"8"字吸着一个奶嘴。人们对葫芦有一种特殊的好感与好奇——葫芦里到底卖的是什么药呢？

东汉时期，有个叫费长房的人。有一天，他在街上遇见一个老翁背着葫芦卖药。一群人围着老翁，病恹恹的身子来，服了他的药，精神抖擞地走。费长房很想拜他为师，等人群散了，就偷偷跟在老翁身后。他见老翁走进一家酒店，跳进了挂在墙上的葫芦里，心里一惊：这老翁绝非等闲之辈啊！这更增加了他拜师的决心。他在酒店里备下一桌上等的酒菜，专等老翁从葫芦里跳出来。不多时，老翁出来了，费长房立马磕头跪拜，认师求教。老翁见他诚心求学，便收他为徒，将自己的医术传授给他。费长房认真学习，刻苦研究，终成一代名医。

为了纪念老翁，费长房行医时总将葫芦背在身上。从此以后，郎中行医，便用葫芦当招牌，表示医术高超，因此人们也把葫芦看作郎中的标记。这葫芦里卖的是救人的良药，药到病除！而且，葫芦本身也是一味中药材。

葫芦除了用来卖药，也可以用来卖油。北宋大文豪欧阳修写有一篇《卖油翁》，寓意所有技能都能通过长期反复苦练而达到熟能生巧的境界。

陈康肃公尧咨善射，当世无双，公亦以此自矜①。尝②射于家圃，有卖油翁释担而立，睨③之，久而不去。见其发矢十中八九，但微颔④之。

康肃问曰："汝亦知射乎？吾射不亦精乎⑤？"翁曰："无他，但⑥手熟尔。"康肃忿然⑦曰："尔安敢轻吾射？"翁曰："以我酌油知之。"乃取一葫芦置于地，以钱覆其口，徐以杓酌油沥之，自钱孔入，而钱不湿。因曰："我亦无他，惟手熟尔。"康肃笑而遣⑧之。

此与庄生⑨所谓解牛斫轮⑩者何异？

（摘自《欧阳文忠公文集·归田录》）

注解

① 自矜（jīn）：自夸。

② 尝：曾经。

③ 睨（nì）：斜着眼看，形容不在意的样子。

④ 颔（hàn）：点头。

⑤ 不亦……乎：（难道）不也……吗？

⑥ 但：只。

⑦ 忿然：气愤的样子。

⑧ 遣：打发。

⑨ 庄生：指庄子。

⑩ 解牛斫（zhuó）轮：指庖丁解牛与轮扁斫轮。

译文

　　康肃公陈尧咨擅长射箭，当时没有第二个，他凭借射箭的本领自夸。

　　一次，他在自家的园圃里射箭，有个卖油的老翁放下挑着的担子，站在一旁，斜着眼看他，很久也不离开。老翁见到他射出的箭十支能中八九支，只是微微地点点头。

　　陈尧咨问道："你也懂得射箭吗？难道我射箭的技艺不精湛吗？"老翁说："没有什么别的奥妙，只不过是手法熟练罢了。"陈尧咨气愤地说："你怎么能够轻视我射箭的本领！"老翁说："凭我倒油的经验知道这个道理。"于是老翁取出一个葫芦放在地上，用一枚铜钱盖住葫芦的口，慢慢地用勺子倒油，油通过铜钱方孔注到葫芦里，却没有沾湿铜钱。老翁说："我也没有什么其他奥妙，只不过是手法熟练罢了。"康肃公尴尬地笑着把老翁打发走了。

　　这与庄子所讲的庖丁解牛、轮扁斫轮的故事有什么区别呢？

把一根很粗很粗的木头中间挖空，就是独木舟，能过河过江。如果葫芦长到足够大，对半破开，也能当船开。虽然现在生活中没有这么大的葫芦，但神话传说中，它是雷神送给伏羲的"挪亚方舟"。

神葫芦的传说

　　传说，伏羲和女娲是雷神的亲骨肉，他们生活在上古洪荒年代。那时，大地上人烟稀少，可偏偏出了几个天不怕地不敬的冤孽，惹怒了玉帝。所以，玉帝下令雷公雨师淹灭人类。雷神很着急，玉帝的命令不能违抗，又担心伏羲和女娲难逃此难。思前想后，雷神偷偷交给伏羲一颗葫芦子，让他种在泗水边一块栽满桑树的山坡上，并教给他一套躲避洪水的办法。

　　伏羲按照雷神的吩咐，带上女娲，他们一起种下了葫芦子。说来也神，这葫芦子一入地，一个时辰扎根，两个时辰发芽，三个时辰生枝，四个时辰开花，五个时辰结葫芦，六个时辰就长大啦。长得有多大？长得比谷仓还要粗，还要大。七个时辰表皮掐不动，八个时辰就成熟啦。到了第九个时辰，伏羲和女娲在葫芦上开了个盖，把吃的、喝的、穿的、用的全

部放进葫芦里，还带了两个鸡蛋，两颗白果。

伏羲对人们说："赶快逃命吧，洪水就要来啦！"可是，谁也不相信他的话。伏羲拉着女娲躲进了神葫芦，盖上了葫芦盖。不到半个时辰，只听得雷声滚滚，狂风咆哮，暴雨倾盆，一直下了九天九夜。他们躲在葫芦里，随水漂荡，饿了吃，渴了喝，困了睡，囚了九天九夜。终于，雷不响了，风不刮了，雨也住了，伏羲打开葫芦盖一看，哎呀！四面八方一片汪洋，望也望不到边。世上一个喘气的活物都没有了，只有他们兄妹俩，躲在葫芦里，才逃过了这一劫。

后来，伏羲、女娲把两个鸡蛋暖啊暖，孵出了一对鸡，一只公，一只母；把两颗白果种在地上。从此，世上有了鸡和白果树。

拉祜族也有类似神话："小米雀和老鼠将葫芦啄开，从葫芦里走出一对男女，名叫扎迪和娜迪……"葫芦是他们的图腾，一个从葫芦里走出来的民族。

雷神的葫芦子，与童话故事《杰克与魔豆》中的魔豆有的一比，它们都是疯狂地长，很快就长成了。在现实中，当然没有这么神奇的葫芦，但把葫芦破开来，却是非常好用的舀水瓢。

在海南黎族，高50至60厘米、腹径40厘米的成熟葫芦，可以做成最古老、最简单的浮具——渡水葫芦，或称葫芦舟，古代称为腰舟。

由于葫芦体积大，在它周身用藤或竹编结网套住，底部编织圈足，便于在水中用手抓紧。这渡水腰舟有两种。一种在颈部开口，口径10至13厘米，上面套一个皮盖。这种盖是取一块泡软的水牛皮，将葫芦口包扎起来，用绳子拴牢，待水牛皮干了后取下来，裁去毛边，就是一个倒扣如碗状的皮盖了。过河前，将衣物、食物放进葫芦里，加上盖，人抱着葫芦渡水，不怕衣物受潮。另一种则是完整的葫芦，双手抱着它，浮水而过。

葫芦除了能用来渡水，还能用来做乐器——葫芦笙。

古时候，有一对老夫妇，他们有五个儿女，除了小儿子在身边，另外四个都在外边谋生，一个在东，一个在南，一个在西，一个在北。哪怕逢年过节，他们也难得团圆。生活不容易啊。

老夫妇想念儿女。他们从山上砍来竹子，做出五根精致的竹管，在竹管的底端削出簧片——用嘴一吹，就发出响亮、优美的声音；又从瓜棚上选了一个光滑的葫芦，掏出里面的子粒，将五根长短不同的竹管捆在一起，插在葫芦膛里；又在葫芦柄处安了一个木质吹嘴，葫芦笙做好了，能吹出悠扬的乐声。

老夫妇高兴极了。他们吹起葫芦笙，在远方的儿女听到从家乡传来的新奇、悦耳的曲调，从不同方向奔回家中。从此，老夫妇再也不愁见不到儿女了。葫芦笙也流传起来。

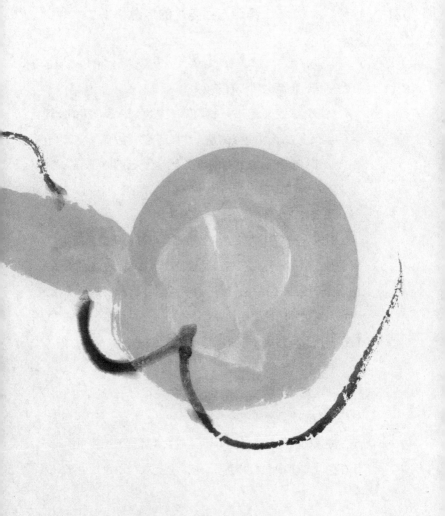

河姆渡文化遗址出土了七千年前的葫芦皮、葫芦子，说明我国栽培葫芦的历史很悠久。嫩葫芦可以吃，老葫芦可以用，宝葫芦里装满了故事。

葫芦与孟姜女的传说

从前有两户人家，一家姓孟，一家姓姜，他们是一墙之隔的好邻居，但两家都没有子女。

有一年，孟家栽了一棵葫芦，长势特好，葫芦藤都爬到姜家的屋顶上去了。奇怪的是，这棵葫芦只结了一个瓜，个头很大，正好长在两家共有的墙头上。秋天，葫芦熟了，麻烦也来了——孟姜两家为葫芦吵个不停。最后，在村人的调解下，决定将葫芦当场锯开，一家一半。

两家人把葫芦从墙头上抬下来，用过山龙锯为两半。惊讶的是，里面竟然端坐着一位俊俏的小姑娘，犹如仙女下凡。两家人一见这小姑娘，就不要葫芦了，抢着要抱那小姑娘。两家人谁也不能说服谁，最后还是在村人的调解下，两家人轮流抚养这个小姑娘，并给她起名孟姜女……

其实啊，孟姜女不姓孟，"孟"是排行——孟、仲、季，就像我们把春天分成三段，孟春、仲春、季春，所以，孟姜女是指姜家的大女儿。据考证，孟姜女是齐国一位将军的妻子。但在民间故事中，她哭倒了长城，还把她与葫芦扯上了关系，有的传说还说她是从大冬瓜里出来的。这样的想象，大概是因为葫芦有个大肚皮吧。

在《西游记》里，太上老君把金丹装在葫芦里，唐僧过流沙河也靠它，孙悟空还拿葫芦装天呢。"葫芦"谐音"福禄"，象征吉祥。陶渊明笔下的桃花源，也是个葫芦："初极狭，才通人，复行数十步，豁然开朗……"这世外桃源，让多少人向往啊。

小暑

茄子

南中草莱，

经冬不衰，

故蔬园之中，

栽种茄子，

宿根有二三年，

渐长，

枝干乃为大树。

在我老家，茄子叫落苏。

为什么叫落苏呢？传说有这样一个故事。

春秋时期，吴王阖闾（吴王夫差的父亲）有个瘸腿的儿子，吴王对他管教甚严，让他终日闭门攻读，不许出门半步。

有一天，吴王阖闾带了几个随从，去郊外打猎。有个家丁讨好公子，对公子说："公子，今天天气晴好，大王又已出去打猎，何不去虎丘一游？"公子一听，正中下怀，便和家丁骑马出了城。

路上，有人叫卖："卖茄子哦！卖茄子！"公子误会，听作"卖瘸子"，这不是侮辱他这个瘸子吗？他很生气，要赶去抽打那个喊"卖瘸子"的人。家丁连忙劝阻，并对那卖茄子的人说："你不要叫卖茄子啦！我家公子生气了。"那卖茄子的人听了莫名其妙，吴王的公子为什么不准我卖茄子呢？既然公子吩咐，为了避免麻烦，不叫卖就是了。

过了一会儿，他见主仆二人已经远去，又放开喉咙高喊："卖茄子哦！卖茄子！"公子远远地隐约听见，气得脸色铁青，调转马头，要赶回去找那个人。家丁苦苦劝阻："公子，还是走吧！若回家晚了，让大王知道，岂不坏事？"公子觉得不无道理，就气呼呼地快马加鞭直奔虎丘而去。他也无心游耍，早早地就回去了。

待到阖闾打猎满载而归，儿子便向父亲哭诉："父王，今天儿臣在书房攻读，听得外面有人叫'卖瘌子'，分明是在侮辱我，请父王拿他治罪。"吴王听罢大笑，说："这是人家叫卖茄子，不是'卖瘌子'呀。茄子是一种蔬菜，怎么好不让人叫卖呢？"儿子说："儿臣是个瘌子，听到叫卖茄子，怪刺耳的，觉得让人嘲笑，多不好听呀？"吴王一向对儿子宠爱有加，所以才从严管教，听了儿子的话，他觉得十分为难，但总得想个办法，以解儿子心头之结。

那天晚上，吴王去书房睡觉，发觉妃子的"孩子帽"上的两根流苏，很像要落下来的茄子。他不禁心中一动："落下来的流苏——落苏！对，就把'茄子'改叫'落苏'吧！"于是，他让手下发布告示，告之天下百姓：今后一律将"茄子"叫作"落苏"。

"落苏"就这样一直流传到现在。

这个故事是真的吗？当然不是。

宋代诗人陆游在《老学庵笔记》中记载：钱王有个儿子是瘸子，他厌恶"茄子"听起来像"瘸子"，所以将茄子改名为落苏。

同样的故事桥段，一个发生在春秋时期吴王儿子身上，另一个发生在五代十国时期钱王儿子身上，吴王跟钱王隔着一千多年呢！所以说，故事只是故事。但历史上，至少在唐代，已经有人叫茄子为落苏了，唐代段成式在《酉阳杂俎》中有记载。

仔细想一想，万物总有个由来。人们总不会平白无故叫落苏的吧？这里面有什么说道吗？

其实，落苏与僧人有关。

佛教从印度传入中国，僧人从印度带来了茄子、黄瓜、扁豆等蔬菜。渐渐地，这紫色的茄子成为中国人餐桌上的主要蔬菜品种之一。唐代时，白色的茄子从暹罗（泰国）传入中国，它的味道比紫茄子更好。

比如，宋代文豪黄庭坚吃了朋友送来的白茄子之后，还特意写信给朋友："君家水茄白银色，殊胜坝里紫彭亨。"意思是说：你们家送来的白茄子，它的美味绝对胜过坝田里产的紫色的大胖落苏。

这烧熟的白茄子，颜色和状态很容易让人联想到"酪酥"——由牛、羊、马等的乳精制而成的食品。因而，人们戏称茄子为"酪酥"，口口相传，"酪酥"就变成了"酪苏"或"落苏"。后来，不管是白茄子，还是紫茄子，在江浙人口中，都叫"落苏"了。

茄子有紫皮的，有白皮的，有长条形的，有椭圆形的——茄子的英文eggplant（译为"蛋果"），说明英国人最早吃到的茄子是椭圆形的，而且一开始他们把茄子当瓜果，我们的祖先也把茄子当瓜果，至今广东人仍叫茄子为矮瓜。

通常，在我们的印象中，茄子长得低矮，从种子发芽，生长出根、茎、叶，开花，结果，到枯萎死亡，它的一生不到一年时间。可有不少古文记载，摘茄子需要爬上梯子去摘。这是真的吗？

南中①草莱②，经冬不衰，故③蔬园之中，栽种茄子，宿根④有二三年，渐长，枝干乃为大树。每夏秋熟，则梯⑤树摘之。三年后，树渐老，子稀，即伐去，别⑥栽嫩者⑦。

（摘自刘恂《岭表录异》）

注解

① 南中：泛指南部地方。

② 草莱：田野。

③ 故：所以。

④ 宿根：草本植物茎叶虽然枯死，但根存泥中，次年再发出新芽。

⑤梯：梯子。

⑥别：另外。

⑦嫩者：这里指茄子苗。

译文

　　南方的田野，即使经过寒冬也依然欣欣向荣，所以，菜园中种植的茄子能长两三年，枝干越长越长，最后茄子苗长成大大的茄子树。每年夏秋时节，茄子熟了，人们要借助梯子爬到茄子树上去摘茄子。三年后，茄子树慢慢变老，结果也渐渐变少，人们就把茄子树砍去，另外种上茄子苗。

长在树上的茄子，是真的！是不是好神奇啊？

在科技发达的今天，还有更神奇的：普通的茄子，在温室里享受"恒温恒湿"的特殊待遇，它不光个头能长到四米多，而且寿命长，可以生长五到八年，不像露天的茄子那样，被风霜一打就枯萎。

古人看到茄子树都在南方，因为南方天气炎热，少有霜冻。

不管东西南北，茄子都是餐桌上的一道美味。比如，鲶鱼炖茄子，这是一道传统且具有浓烈地方特色的东北炖菜——用新鲜的鲶鱼和茄子一块炖制，鲶鱼和茄子混在一起，鲶鱼肥而不腻，茄子鲜香味浓，荤素搭配得美美的。这道菜是怎么来的？有这样一段故事。

很久以前，有个东北人名叫柳毅，他小时候家里穷，父亲为了生计只得远走他乡，只留他与母亲相依为命。多年后，母亲操劳过度，撒手西去，只留下一句话，让他去寻找多年来杳无音讯的父亲。柳毅遵循母亲的遗言，一个人风餐露宿，千里迢迢来到茫茫的呼伦贝尔草原，才知道早在几年前父亲就去世了。走投无路的柳毅，在呼伦湖畔安顿了下来。

几年后，一位老人看柳毅忠厚老实，把自己的女儿嫁给了他。

有一天，老人想去看看女儿女婿。出门时临近中午，一路上烈日当头，到女儿家时，他已是汗流浃背了。

不巧，女婿柳毅干活还没回来。女儿暗自叹息，家里实在端不出什么像样的菜肴招待父亲，只好先招呼父亲喝茶。这时，柳毅回来了，见到岳父，格外高兴。他忙把刚从湖边抓来的一条鲶鱼交给妻子。妻子把鲶鱼收拾干净，准备炖时，才发现这条鱼实在太小了，根本不够一家人吃。她低头看见从菜园摘回来的新鲜茄子，灵机一动，把茄子洗净，掰开，放进锅里，跟鲶鱼一起炖。

菜炖好了。妻子上菜时，面有难色，柳毅也神情尴尬地看着岳父。老人十分理解他们的处境，不但没有丝毫责怪的意思，反而安慰他们说："这样的饭菜，很好嘛！"说完，他就夹起一块茄子放到嘴里，眼睛猛然睁大，面露惊讶之色。

"怎么了？"夫妻俩紧张起来。

老人乐呵呵地说："这鲶鱼里掺着茄子味儿，茄子里和着鲶鱼味，根本分不清哪是鲶鱼，哪是茄子；再喝上两口汤，嚼上一口喷香可口的玉米面饼子，那滋味简直就赛过了活神仙。"

夫妻俩各尝了一口，这用鲶鱼炖出来的茄子，味道确实鲜美。

一家人乐呵呵地吃饭。吃好了饭，老人连说："撑死老爷子了，撑死老爷子了。"

从那以后，鲶鱼炖茄子成了女儿款待父亲的一道风味家常菜，并被柳毅的子孙们传播到了东北故里。而呼伦湖畔，至今还广为流传这么一句话：鲶鱼炖茄子，撑死老爷子。

听了这个故事，你是不是想吃一道鲶鱼炖茄子了？或者来一道鱼香茄子，还是肉末茄子、红烧茄段、擂茄子、蟠龙茄子、蒸茄子？赶紧向你家里的"厨神"点菜吧，记得把茄子的故事告诉他哦。

12

大暑

番茄

番柿，

一名六月柿，

茎如蒿，

高四五尺，

叶如艾，

花似榴，

一枝结五实或三四实，

一树二三十实。

如果我告诉你，西汉的时候，我国就有番茄，你相信吗？

番茄，也叫西红柿，一个"番"字，一个"西"字，就如盖在签证上的一个红章，表示它是个外来客。据说，我国第一个记载番茄的人，名叫赵函，明朝人，他在《植品》一书中提到，在万历年间，西洋传教士把番茄带到了我国，而且是和向日葵一起带来的。同样在明朝，一个叫王象晋的人，也肯定了番茄的来源，他是这么说的：

番柿，一名六月柿，茎如蒿，高四五尺，叶如艾，花似榴，一枝结五实或三四实，一树二三十实。缚作架，最堪观……来自西番，故名。

（摘自王象晋《群芳谱》）

"柿"字是个好比喻，若把番茄和柿子摆一块儿，确实有点儿像。这也说明一个道理，我们总是拿熟悉的东西去认识陌生的东西。"来自西番"四个字清楚说明番茄来自远方，"西"字给了西红柿，"番"字给了番茄；"最堪观"三个字，说明番茄最初只是用来观赏的，就是个盆景。确实，我国有关吃番茄的记载，大概在清朝光绪年间，人们从国外引进了较好的食用品种。

所以说，西汉的时候，我国就有番茄，几乎是不可能的了！

番茄，原生于安第斯山脉的森林里，当地人叫它"狼桃"，说它含有剧毒，只用来观赏，没有人敢吃进嘴巴里。为什么说它有剧毒呢？我猜测，番茄成熟后颜色太鲜艳，人们从动物身上得知，鲜艳的颜色是一种警告，是危险的信号，所以当地人不敢吃。当然更可能是有其他原因，我只是这样猜测。殊不知，有些动植物颜色鲜艳不过虚张声势罢了，而且，植物的传播需要动物的帮忙，如果有剧毒，哪个动物敢来传播呢？这不符合物种壮大自己种群的选择。

据说，罗伯特·达德利伯爵代表伊丽莎白女王视察美洲时，带回了番茄，鲜红欲滴、美丽诱人，并把它送给女王。虽然她是女王，但更是女人啊，一见这么漂亮的果子，自然非常高兴。于是，消息一传十，十传百，英国宫廷和各国的达官贵人们争前恐后地来到伯爵家里，观赏这美洲至宝。然后，他们向伯爵讨要番茄苗，都想回去种起来。可这些番茄苗是伯爵千里迢迢带回来的，数量有限，于是为了满足更多人的猎奇心，他开始在自己的种植园里大面积种植，然后派数百个士兵日夜看守。尽管这样，在黑夜里，种植园还是接二连三地遭殃，番茄一次又一次被偷走。偷番茄这样的行为在今天看来，几乎是不敢相信的事，但在当时就是这么个情况，物以稀为贵嘛。

时间过了好多年，那些年结的番茄，没人敢吃，真是都浪费掉了。想象一下，如果把它们都收集起来，能来一场重量级的西班牙番茄大战吧！

我总想，吃一个番茄有这么难吗？设身处地想一想，如果有人拿一个没人吃过的东西给我吃，我也不敢吃。人要向未知跨出一步，是很艰难的，哪怕是毫无攻击性的番茄，也一定得有神农尝百草的精神才行。因为未知，所以惧怕，万一付出了生命的代价呢？所以，我们说第一个吃螃蟹的人，第一个吃番茄的人，都是非常勇敢的。

谁是第一个吃番茄的人呢？

第一个吃番茄的人是法国的一个画家，曾经为番茄画了好多画，面对这美丽可爱的"毒果"，他一时冲动，忍不住吃了一个。吃完后，他感觉有大事要发生，就躺在床上，瞪大了眼睛，对着天花板发呆，他是在多看这个世界一眼吗？一小时过去了，两小时过去了，三小时也过去了，怎么回事？不是说番茄是"毒果"的吗？怎么没死？而且毫无中毒的迹象啊！他

咂巴咂巴嘴，回想起咀嚼番茄时那酸甜爽口的好味道，那就再吃一个吧，真是爽呆了。他高兴地把"番茄无毒可以吃"的消息告诉了朋友们，大家都惊呆了。

番茄是可以吃的，知道的人越来越多了。但是，番茄是水果还是蔬菜呢？这个问题竟然闹上了美国最高法院。

那是在一百多年前的美国，商人约翰·尼克斯从西印度群岛运来一批番茄，准备在美国的商场里出售。入关时，他遇到了麻烦——在这之前，美国人不知道番茄。按照当时的美国法律，输入水果是免税的，而输入蔬菜则需要缴纳 10% 的税。约翰·尼克斯提出番茄属于水果，应当免税；海关收税员爱德华则认为番茄是蔬菜，应该收税。约翰·尼克斯不服，便把爱德华告上法庭，并翻出词典据理力争，甚至拿出几箱番茄，作为水果在闹市区免费分发给行人品尝，让过往行人评评理。双方僵持不下，一路闹到了美国最高法院。

法官看着呈放在法庭上的番茄，听着双方的激烈辩论，最后哭笑不得地参照黄瓜、土豆和胡萝卜，将番茄定义为蔬菜。

就这样，番茄以蔬菜的身份，被正式写入了美国的税法里。

虽然约翰·尼克斯打输了官司，但因为这场官司，番茄成了"新闻人物"，等于做了一次广告，瞬间畅销美国，他也算因祸得福。

番茄又称番柿、六月柿、西红柿，这个"柿"字实在容易让人想到黄黄红红的柿子。它们之间真有什么关系吗？

相传在很久以前，西域有三十六个国家，其中有一个小国家，国王没有儿子，只有一个女儿。公主聪明、伶俐，国王非常爱她，当成掌上明珠。

有一天，公主实在太闷了，八位仆人陪着她偷偷骑马溜出了王宫。他们来到一座长满野葱的大山上。野葱绿油油的，长得又鲜又嫩，非常好看。公主很开心，一路上采了许多的野葱、野花。突然，公主一不小心，掉进了一个山洞里。八位仆人慌忙去救，他们用藤条拧成绳子，放下洞去。公主抓住藤绳，慢慢地被拉出洞口。她发现洞口长着一株草，上面结着几个鲜红的果实，非常好看。公主就随手摘了回来。回到宫中，公主把它当珍珠似的观赏，爱不释手。

第二天，公主摆弄小红果，不小心把它摔烂了，露出了鲜红的果肉和淡黄色的籽。她感到非常可惜，整天闷闷不乐。国王下令寻找这种果实。可是，找了许多地方都没有找到。国王为了安慰公主，把那些淡黄色的籽拿去种下，不久便长出枝叶来。

到了第二年夏天，每根枝条上都结出了许多鲜红的果实，很招人喜欢。公主想尝一尝，但又不敢。恰好从江南来了一位画家，来给公主画像。他越看这果实，越觉得口渴，最后，实在忍不住了，走上前去，摘下一个吃了起来。他觉得又酸又甜，很合胃口，就一气吃了五六个，而且越吃越想吃，非常解渴。公主也跟着吃了起来。

从此，人们就把它当作水果吃了。画家把它带回了家乡，还给它取了名字——西红柿。因为它红红的，像红柿子，又是从西域传来的。

而在我国桂林等地，番茄却有一个特别的名字——毛秀才。

据说，清朝末年，桂林有一户毛姓人家，靠种番茄为生，供养儿子读书。儿子争气，应童子试得了秀才，一家人高兴呀，希望他再接再厉，光宗耀祖。可是，每次乡试，他都名落孙山。后来，清朝灭亡了，他子承父业，种番茄，在街上摆番茄摊，顺便帮人家写写信件。他种出来的番茄又红又大个，卖相好，口感更好，来买的人很多。慢慢地，人们来他这里买番茄，就说"来两斤毛秀才"或者"给我来点儿毛秀才"。时间一久，人们就把番茄叫毛秀才了。这"毛秀才"算番茄的著名品牌吧？如张小泉剪刀、陈曼生紫砂壶，叫毛秀才番茄也是极好的。

说了这么多与番茄有关的内容，都在"番"和"西"这两个字上。

其实，我国在西汉的时候真的有番茄！1983年，在成都北郊凤凰山发掘的西汉古墓里，发现了一些种子，经过培育后，发了芽，开了花，结了果——红红的小番茄。现在不少人爱买点儿小番茄吃吃，殊不知在西汉的时候，至少是王公贵族才拥有这份享受。只是因为某种原因，食用与栽培番茄的传统被中断了。

如果没有中断，番茄会有怎么样的故事呢？

现在，番茄在我们的生活中太平常了。我去过一个蔬菜大棚，里面有几十种番茄，矮的几十厘米，高的三四米，全是无土栽培，想吃脆一点儿的就脆一点儿，想吃甜一点儿的就甜一点儿，想吃皮薄一点儿的就皮薄一点儿，想吃圆一点儿的就圆一点儿，想吃肉厚一点儿的就肉厚一点儿……各种各样的番茄随意挑选。这么多番茄，该不会再中断了吧？

13

立秋

洋葱

荨麻林最多。

其状如匾蒜，

层叠若水晶葱，

甚雅。

味如葱等。

淹藏生食俱佳。

　　我对洋葱没什么好感。小时候，如果饭桌上有一盘洋葱，我的筷子绝对不会伸过去。我也不知道为什么要讨厌它，就像老天为什么在今天晚上下雨，而不在今天中午下雨，没什么道理好讲，反正我就是不爱吃洋葱。现在，如果有洋葱丝炒五花肉，肉片熬得将焦不焦，洋葱熟得有点儿糯，它们刚出锅的时候，还冒着热气，把香味带出来，闻着就开胃，我就愿意吃上几口，但也不多吃，怕放臭屁。人长大了，似乎好多事情在不知不觉中就发生了变化；或者说变得理解了，能接受了。不变的是，小时候看过的书，至今还有印象，而现在看过的书，倒是很快就忘了，所以啊，要趁着记性好的时候，多看看书。

　　与洋葱有关的书，我记得罗大里的《洋葱头历险记》，里面有一句话："哪儿有洋葱，哪儿就有眼泪。"这是真的！我切过洋葱，被那味儿辣得流眼泪，不知道的人，还以为我有什么伤心事，在默默地哭呢。所以啊，如果以后有什么伤心事想哭一会儿，但又不想被人发现，可以切一个洋葱，然后把眼泪流出来，哪怕被人看到了，就说是洋葱惹的祸。这是一个不错的主意吧？

切洋葱，味儿太刺激，眼睛受不了，怎么办呢？把洋葱放在水里切。水刚好没过洋葱，它那刺激的味道就溶解在水里，跑不出来了，也就不辣眼睛了。这叫办法总比困难多，只要开动脑筋，就能解决问题。对啦！万一你在切洋葱的时候，有人教你切洋葱的这个办法，那就没机会流眼泪了。所以，还是不打这个主意了吧，有什么伤心事，就直接说出来，哭出来，眼泪就是拿来流的啊，不然要眼泪干吗呢？

我记得还有一本书也说到了洋葱，它叫《当世界年纪还小的时候》，里面有一个很简单的小故事：

洋葱、萝卜和西红柿，
不相信世界上有南瓜这种东西。
它们认为那是一种空想。
南瓜不说话，默默地生长着。

虽然只有短短的几句话，但它是一个很有哲理的故事呢。生活中很有可能会冒出一个或几个人，他们也"不相信世界上有南瓜这种东西"，而你恰恰就是他们不相信的"南瓜"。这时候，你用不着生气，努力做好你自己就好了。庄子曾经说过：不可与夏虫语冰。这什么意思呢？就是说，你没法跟夏天的虫子讲冬天的冰雪，因为它们活不到冬天，没有见过冰雪，它们就不相信世界上有"冰雪"这种东西，所以既然说服不了它们，那就随它们去吧。同时，我们自己也要认识到自己的无知，有时候，我们不知道自己不知道，所以，我们要做一个谦虚的人。

说起我国是从什么时候开始有洋葱的这个问题，我仔细想过了，还认真查了不少资料。

一般说来，从洋葱这个"洋"字，就知道它是从海上坐船来到我国的。清朝的时候，有一个作家叫吴震方，他写了一本书叫《岭南杂记》，书中说洋葱从欧洲到了我国澳门，从澳门到了大陆。他的记载没错，但它还不是我国最早记载洋葱的书。我们来看一条元代的记载。

荨麻林①最多。其状如匾蒜，层叠若②水晶葱，甚③雅。味如葱等。淹藏④生食俱佳。

（摘自熊梦祥《析津志》）

注解

①荨麻林：地名，指荨麻林镇。

②若：像。

③甚：很、非常。

④淹藏：腌藏，用盐等腌渍以保藏。

译文

　　荨麻林镇种植洋葱最多。它的形状是扁圆形的，像匾蒜；它的鳞片像水晶葱那样层层叠叠，外观非常雅致。它的味道像葱。它质地脆嫩，食用方法多样，生吃、熟吃、腌渍吃都可以。

这就是洋葱，能生吃，就像有人爱吃生大蒜头、生吃大葱

一样。

　　若要问洋葱的老家具体在哪里，这还真说不准，多数专家认为洋葱可能原产于亚洲西南部伊朗、阿富汗的高原地区，因为在这些地区至今还能找到野生洋葱。

　　洋葱是人类的好朋友。有一位皇帝说："一天不吃洋葱，整天精神不佳。"有一位作家说："没有洋葱，烹调艺术将失去光彩。一旦洋葱在厨房中失踪，人们的饮食将不再是一种乐趣。"有一位将军说："没有洋葱，我就不能调动我的军队。"洋葱在生活中太常见了，我们好像并不拿它当回事。在希腊文中，"洋葱"一词是从"甲胄"一词衍生出来的。古代希腊

117

和罗马的将士们认为洋葱能激发他们的勇气和力量，于是在伙食里加入大量洋葱。欧洲中世纪时，骑兵作战，跨在战马上，身穿甲胄，手持利剑，脖子上戴着项链——这是一条特殊的项链，胸坠是一个圆溜溜的洋葱头。他们认为，洋葱是具有神奇力量的护身符，戴在胸前，就能免遭利剑的刺伤和弓箭的射伤，而且能保持强大的战斗力，最终夺取胜利。

我又想到了一个故事，叫《圣萨瓦和魔鬼的故事》。圣萨瓦和魔鬼议论了一会儿各种蔬菜，决定先种洋葱。他们在附近找到一块地方，撒下了种子，等待它们长起来。绿色的苗苗刚出土，魔鬼就经常跑去看，看着那么嫩绿的叶子，魔鬼真高兴啊！当然，他从来没想到去看一看下面还埋着什么东西。

当洋葱长得最旺盛的时候，圣萨瓦去找魔鬼，说："现在这些洋葱是我们俩的，也就是说，一半属于你，一半属于我，你说你要哪一半吧？"

魔鬼很快回答："我要地上的一半，你要地下的一半。"

"好。"圣萨瓦笑着说。

他们商定好后不久，洋葱渐渐成熟了，魔鬼去看得更勤了。不过，他不再那样高兴了，因为他看见绿叶子开始发黄并且逐渐干枯了。当洋葱完全成熟的时候，地上面的叶子全部枯萎腐烂了。圣萨瓦来到地里，从土里挖出又大又红的葱头，带回家去了。

很明显，这个魔鬼有点儿笨，他都不知道洋葱长在地里的才是好吃的。那么，你有没有观察过长在地里的洋葱呢？清代徐珂在《清稗类钞》中记载："洋葱，一名玉葱，为多年生草，植于畦，茎高一二尺，地下之鳞茎扁圆。叶中空，似葱而甚细。秋日叶间出花轴，顶开多数白色小花，杂以珠芽。其鳞茎供食。"他记得可真详细啊！你也可以写写洋葱的观察日记，一边观察，一边对照徐珂的记载，再写下你自己的观察结果。

最后，交给你一个任务：剥一个洋葱。把洋葱一瓣一瓣地剥到最后，看看在里面发现了什么！

14

处暑

丝瓜

谢景鱼名伦涤砚法：

用蜀中贡馀纸，

先去墨，

徐以丝瓜磨洗，

馀渍皆尽，

而不损砚。

　　这世上，瓜多了去了，若加个"丝"字，叫它丝瓜，就特别了，而且这"丝"字，为什么是"丝"，得丝瓜老透了才能真的明白。

　　小时候，屋子旁边的菜园子里种过各种各样的瓜。那丝瓜野蛮生长，缠住篱笆，绕上树，爬上墙，它都干得出来。有些丝瓜结得高高的，手够不着，就随它长，一直到它老去，叶枯了，藤干了，丝瓜表皮先青后黄又变灰，经过几场风雨，丝瓜表皮发霉了，脆了，抓住藤用力把它们扯下来，丝瓜拿在手里甩，里边沙沙响，是丝瓜籽在里边跳动。剪个口子，把丝瓜籽倒出来，黑黑的，来年好下种，它又会缠住篱笆，绕上树，爬上墙……剩下丝瓜的丝，叫丝瓜络，它有用，能当刷子，只要你愿意，洗碗、洗澡，都是好用的。它织得很密，但缝隙又多，够粗糙，有韧劲，是个好东西，只是我们很少用它。一般老丝瓜摘下来，就搁在窗台上，这丝瓜络当瓶子用，里面装着丝瓜籽，我闲来无事，就抓起来甩一阵儿，沙沙响一阵儿。与古人相比，我们少了点儿"物尽其用"的本领。就拿这丝瓜络来说，宋代陆游还很认真地记在笔记中。

　　谢景鱼名伦涤砚①法：用蜀中贡馀②纸，先去墨，徐③以丝瓜④磨洗，馀渍⑤皆尽，而不损砚。

（摘自陆游《老学庵笔记》）

注解

　　① 涤砚：洗砚台。涤，洗。

　　② 贡馀：纸的名字。明代谢肇淛《五杂俎·物部四》载："澄心堂纸之外，蜀有玉版，有贡馀，有经屑，有表光。"

　　③ 徐：慢慢地。

　　④ 丝瓜：这里指丝瓜络。

　　⑤ 渍：脏东西。

译文

　　有一个叫谢景鱼的人，他有一种特别的洗砚台的方法：先用蜀中生产的贡馀纸，把砚台上的墨汁擦去，接着用丝瓜络慢慢地擦砚台，可以把砚台上的脏东西全部擦干净，而且一点儿也不会损伤砚台。

我们不仅对丝瓜利用不够，连吃丝瓜都有些着急。比如，去饭店里点一盘炒丝瓜，端上来的盘子里，颜色翠绿带着一点儿白，光好看了，吃起来生脆，不好吃，没熟透嘛。烧丝瓜该注意什么，清代李渔在《闲情偶寄》中说得明白："煮冬瓜、丝瓜忌太生，煮王瓜、甜瓜忌太熟。"一个"忌"字并不能让饭店的厨师多花几分钟，还有好多人等着上菜吃饭呢，他们的动作得快一点儿。于是，生脆的丝瓜就被急急地出了锅，上了桌。我们也就随便扒拉几口饭，又要忙事情去了，最多嘟囔一句"怎么没熟啊""这厨师烧得一般""下次不点这个菜了"。我们的生活就是这么粗糙。所以，要想吃好吃的丝瓜，还是买回来自己烧吧。削皮，滚刀切块，配点儿笋干，在铁锅里中火慢炖，等它变得软绵绵的再出锅。

丝瓜，也是有故事的。

在很久很久以前，山腰上住着一位老人，他勤劳能干又朴实。有一年，他在山腰埋了一颗丝瓜籽。风调雨顺，丝瓜秧很快就长好了，绿油油的叶子，长长的藤蔓，结了一根根大大的丝瓜。老人看在眼里，笑在心里。丝瓜飞快生长，好像是被一双无形的手拉长的。其中有一根丝瓜很特别，不仅大得出奇，在夜晚的时候还会发出奇特的光。

有一天，山里来了一位白胡子老道，他看中了会发光的丝瓜，想尽办法得到了它。原来，大山是一座宝库，里面有山神留下的财宝，丝瓜是打开宝库的钥匙。道士急忙来到山下，打开山门，里面金银珠宝应有尽有。道士看红了眼，把宝物装了一袋又一袋。突然，一匹金马跑了起来，往宝库深处奔去，道士紧盯着它，拼命追，结果，"嘭"的一声，山门关上了。白胡子老道的一声"啊"从石头缝里挤了出来，被风吹散了。贪心的老道啊！

这个故事是不是有点儿眼熟？对啦，在讲黄瓜时，黄瓜也当过钥匙的。相比较，还是黄瓜钥匙更好看，这丝瓜钥匙的故事讲得太简单了，像排骨，没有太多肉，比如"想尽办法得到了它"，一个"尽"字里边藏着好多波折呢，但老道到底是怎么得到丝瓜的，只能由我们自己去想象了。

类似的丝瓜故事，也有复杂些的，比如《仙人洞的传说》。

相传，北方有座城，出了城北门，往前走十里地，有一座大山名为凤凰山，山上有一个小洞叫作"仙人洞"。平时，这个洞是看不见的，洞前挂着一帘瀑布，有点儿像花果山的水帘洞。

有一年，一个江南神算子从此路过，喝了口水，洗了把脸，他觉得此处是风水宝地，掐指一算，果然！水帘后面有个仙人洞，洞里面有很多金银财宝。每十年瀑布会断流一个时辰，那时便能看见洞门。三天后的午时三刻，正是瀑布断流的时候。洞门上有一把金锁，开锁的钥匙在城南门外，子房

村的一户人家的院子里。

　　神算子即刻前往子房村，找到这户人家，进到院中，看到这户人家的大榆树上挂着很大一个丝瓜种，这正是他要找的洞门钥匙。神算子拿出银子，要买下丝瓜种。这户人家姓张，户主是个六十多岁的老头，是张子房的后代。他脾气执拗得很，不管神算子给多少钱他都不卖。金灿灿的金饼就摆在他的面前哪，他也不为所动，他说："这是我张家祖传的丝瓜，我明年还要用它发丝瓜苗呢，卖给了你，明年我种什么？"没办法，神算子只好给张老汉说了大实话，约张老汉合伙去仙人洞取宝。张老汉一听，立马搬出梯子，把丝瓜摘了，绑在身上，连睡觉都不拿下来。

三天后，大清早，神算子和张老汉就站在瀑布前了。

午时三刻一到，瀑布断流，洞门显现，神算子用丝瓜钥匙将金锁打开，洞门"咣当"一声打开，只见洞里面尽是金银财宝。进洞前，神算子嘱咐张老汉："进去后，我在前边，你在后边。到里边后，你自己千万别先出来，咱俩要一块进去，一块出来。"张老汉说："行，我听你的。"两人一前一后向洞中走去。

到了洞中，张老汉忽然看到一头金牛拉着一个金碾子，正在轧金豆子。他哪里见过这么多好东西，脑子里装满了金光闪闪，把神算子说的二人同进同出的话忘得一干二净。神算子继续向里走。张老汉牵上金牛就向洞门口走，心想：只要这一头金牛，我就发大财啦。等走到洞门口时，金牛来了脾气，死活不出洞口。张老汉站在洞外，把缰绳绕在腰身上，使尽全身力气向外拽，金牛死活往洞里退，张老汉和金牛相持不下。突然，只听"咔"的一声响，金牛的缰绳被拽断了，一缕金光升上天，往东南方而去。金牛不见了，张老汉手里只抓着一截断了的缰绳。这时，"咣当"一声，洞门关上了，洞口也随之不见了，瀑布又哗哗哗地下来了。

神算子被关在洞里再也没出来，张老汉呢，被瀑布冲晕在水潭里，断在他手里的一截牛缰绳变成了金条，一闪一闪的。

据说，丝瓜的老家在欧洲南部和亚洲西部，它沿着丝绸之路从西域而来，或经印度传入我国南方，两股来源相会在神州大地上，被我们的先祖种在地里，烧在锅里，吃在肚子里。具体是哪一年呢？这个真说不准，一种蔬菜传入某个地方，就跟一颗种子在土里发芽一样，说不准它是什么时候发芽的，只是在某天清早，阳光照耀着它，一点儿嫩绿，看起来很舒服。

季羡林先生曾写过《丝瓜有了思想》一文，其中有这么一段："又过了几天，丝瓜开出了黄花。再过几天，有的黄花变成了小小的绿色的瓜。瓜越长越长，越长越大。最初长出的那一个小瓜竟把瓜秧坠下来了一点，直挺挺地悬垂在空中，随风摇摆。我真是替它担心，生怕它经不住这一份重量，会整个地从楼上坠了下来落到地上。"

丝瓜会掉下来吗？不会的，它就那么悬挂在那里，丝瓜是丝瓜藤的孩子呀，怎么舍得放手？孩子又怎么舍得离开母亲呢？这时，拿起手机，以蓝蓝的天空为背景，可以帮丝瓜拍一张照片，一定非常好看。

如果有机会，哪怕你住在城里，也可以在泡沫箱里装上土，撒几粒丝瓜籽，然后等着它绿起来，爬起来，绕起来，生活就会有意思起来。丝瓜啊丝瓜，除了吃，除了看，还能拿来说"一张臭脸拉得比丝瓜还长"。好玩！

15

白露

金针花

萱草，
食之令人好欢乐，
忘忧思，
故曰忘忧草。

　　母亲节的时候，花店里的康乃馨比平日里卖得好。这是外来的风俗，流行起来，盖过了金针花。不得不说，我们已经忘本了。

　　金针花，是我家乡的方言。普通话里，我们习惯称它黄花菜或萱草。《诗经疏》载："北堂幽暗，可以种萱。"北堂本义指一家主妇的居室，后来用来代称母亲。古时候，孩子远游前，会在北堂窗外种上萱草，以此减轻母亲思念孩子的忧愁。这萱草就像孩子的化身，日夜守护着母亲。金针花是我国的母亲花，比康乃馨实在，还能烧来吃呢。知道了这层意思，再来看金针花的另外一个名字——忘忧草，就自然多了。只是，这忘忧草真能忘忧吗？《博物志》载："萱草，食之令人好欢乐，忘忧思，故曰忘忧草。"这样的记载，让我想到了《山海经》："有草焉，其状如韭而青华，其名曰祝余，食之不饥。有木焉，其状如榖而黑理，其华四照，其名曰迷榖，佩之不迷。"吃了祝余，再也不会肚饿；佩戴迷榖，再也不会迷路。怎么可能有这么神奇的草木呢？还是明代谢肇淛讲得有道理——

　　合欢蠲忿[1]，萱草忘忧，此寄兴[2]之言耳。萱草岂能忘忧？而《诗》之所谓谖草，又岂今之萱草哉？……后人以萱与谖同音，遂[3]以忘忧名之。此盖[4]汉儒传会[5]之语，后人习之而不觉其非[6]也。

（摘自谢肇淛《五杂俎》）

注解

　　①蠲忿：消除愤怒。

　　②寄兴：寄寓情趣。

　　③遂：于是，就。

　　④盖：大概。

　　⑤传会：口口相传。

　　⑥非：不对。

译文

　　合欢花能消除人的愤怒，萱草能让人忘忧，这不过是借景抒情的话而已。萱草怎么可能让人忘忧呢？……而《诗经》里面所说的谖草，怎么可能就是今天所说的萱草呢？后人因"萱"

与"谖"同音，就用"忘忧"来称呼它。这大概是汉代儒生之间口口相传的说法，后人学习了却不觉得它有什么不对。

虽然谢肇淛分析得有道理，但是，萱草与谖草到底什么关系，估计很难讲清楚了，因为我们已经习惯了，一提到萱草、谖草、忘忧草，我们就想到黄花菜，用它来炖肉是很好吃的，但一定记得肉先炖，等肉熟得差不多了，再扔黄花菜干下锅，如果肉和黄花菜干一起下锅一起炖，对不起，黄花菜烂透了。

黄花菜中含有一定量的松果体素，它有促进睡眠的作用，大概这就是说它能忘忧的原因吧。母亲思念孩子睡不着觉，吃了黄花菜，便不再失眠。如果你要离家，可以买些黄花菜放在家里，这与古人在北堂种萱一脉相承。行孝要及时，并不需要母亲节的名义，而应该每一天都是母亲节。

秦朝时，河南淮阳还叫陈州。有一年，陈州遭灾了，为了活下去，很多人成了要饭的。有个要饭孩儿叫陈胜，连饿带病昏倒在陈州东关的破庙里。东关有个黄大娘。有一天，她掐野菜回来，半路遇上了雨，到庙里避雨，见地上躺个要饭孩儿，眼看活不成了。她赶紧冒雨回家，把掐来的野菜烧成菜汤，端来给要饭孩儿喝。要饭孩儿坐起来，接住碗，"哧哧喽喽"喝起来。喝完了，他说他叫陈胜，没爹没娘。黄大娘没有儿子，只有一个女儿，叫金针，于是就认他当干儿子。

过几年，陈胜长大了，正赶上皇帝到处抓伕修长城，陈胜

被抓走了。抓伕的领错了路，不知道怎么走到安徽去了，又下连阴雨，不能按时赶到长城脚下，误了预定期限。这可是要杀头的。大家想，反正是个死，干脆反了吧！大家叫陈胜当了头儿。陈胜招兵买马，从安徽打回陈州，在这儿称王了。

　　陈胜称了王，派人去请黄大娘。黄大娘却不想再见这个干儿子，躲开了。为什么？因为陈胜天天吃喝玩乐变心了。去请的人找不到黄大娘，陈胜就派出更多人四处寻找，最后还是把黄大娘找到了。陈胜请她进宫享福，她左右不愿意。陈胜问金针在哪儿，黄大娘说兵荒马乱跑丢了。正说着，金针拎着一篮野菜回来了。陈胜看见野菜，想起在破庙里喝那碗野菜汤，说："娘，也要吃中午饭了，我让厨子把野花菜烧了，咱们吃了饭，进宫去吧。"黄大娘说："你也难得来家吃饭，尝尝金针的手艺吧。"饭菜做好了，一家人坐在一起，金针盛了一碗野菜汤端给陈胜。陈胜吃了一口，赶紧吐了，打趣说："金针，你这手艺可得向娘好好学学哪。"黄大娘放下筷子，说："陈胜啊，菜还是那种菜，是人变了。那时候你饿，吃什么都是香的。现在，你什么好东西都吃腻了，这野菜能好吃吗？不是我老婆子说话不中听，你这样下去，早晚要吃大亏的！"陈胜听了，脸一下子红了，点点头说："娘，你说得对。是我忘本了，我改。往后你看我有什么不对，该说就说！所以哪，你和金针住进宫里去，好时时提醒我啊。"陈胜说到这儿，又问这野菜叫什么名字。黄大娘说，光知道它能吃，也不知道叫什么名。陈胜想了想说："这菜是黄色的花，就叫它黄花菜吧。为了不忘本，叫金针领着宫女在宫里种一片，日后我用它当菜吃。"

过没多久，秦朝的兵马打了过来，人家兵多，把陈胜的兵打败了。兵荒马乱之中，陈胜的车夫庄贾把陈胜害了。起义失败了。黄大娘也死了。金针躲到乡下，年年种黄花菜，吃不完就晒干卖钱。人家的黄花菜有八个瓣儿，金针种的却是七个瓣儿。为什么？都说四面八方，陈胜少占一面才败的。淮阳的黄花菜是金针传下来的，所以当地人又把黄花菜叫"金针"。

我们吃的通常都是黄花菜干，其实新鲜的黄花菜也很好吃。小时候，我家老屋背后的竹林边有一大丛黄花菜，是爷爷种的。每次开花，在花瓣还没张开的时候，就得采来烧着吃，可惜时光太远了，我不记得它的味道了，只记得盘子里泛着油光，绿绿黄黄的黄花菜一条一条横七竖八地睡在盘子里，等着筷子去夹，你一筷，我一筷，一会儿盘子里就空了。❶

我特意在网上搜了黄花菜的照片，不然我对它长什么样都是模糊的。看着照片的时候，老屋背后竹林边的那丛黄花菜也逐渐清晰起来。那是一个潮湿的角落，黄花菜就爱潮湿，它的叶子有点儿像大蒜叶，一年四季都青翠，却给人瘦骨嶙峋的印象。李时珍在《本草纲目》中载："萱……五月抽茎开花，六出四垂，朝开暮蔫，至秋深乃尽。"这样的记载犹如法布尔看昆虫，是很认真的。黄花菜能进《本草纲目》自然是因它有药效。民间传说，黄花菜是华佗的金针所化。

---

❶ 鲜金针菜含有秋水仙碱，在体内易转化为二秋水仙碱，有较大毒性。食用前应先用开水焯 3~5 分钟，再用清水浸泡 2 小时，之后才可炒食。一次食用最好不超过 50 克。——编者

三国时，有一年，江苏三庄、丁嘴一带发生了瘟疫。神医华佗匆匆赶来，不分昼夜地为当地百姓治病。偏偏在这个时候，曹操头痛欲裂，派人来请华佗到许昌去。华佗左右为难，一面是百姓需要他，一面官差逼他连夜上路。华佗难以抗命，对大家说："我华佗走了，我这几枚金针留给你们除病消灾。"说罢，手向空中一扬，飞出几道金光，散落在田间。

第二天，百姓们去田间寻找，看不到金针，只见地上长出几棵长叶草，草叶丛中生出几根青色圆杆，每根杆头又长出五根杈，每根杈上长着大小不等的花蕾。那大花蕾金灿灿、香喷喷、光彩夺目，形状像极了华佗为人治病的金针。

俗话说，病急乱投医。人们顾不上那么多了，就摘花蕾，掐叶子，熬水给病人喝。说来也奇，病人喝下这汤汁，没几天就好了。当地百姓把这草当宝贝，精心栽培起来，叫它"金针菜"。

说了这么多，下次再吃黄花菜的时候，你就能讲讲黄花菜的故事了吧。如果在母亲节的时候能买点儿黄花菜，也是不错的选择吧。

秋分

茭白

法相寺：

寺前茭白笋，

其嫩如玉，

其香如兰，

入口甘芳，

天下无比。

然须在新秋八月，

余时不能也。

茭白，又名菰笋、菰手、茭笋、高笋。

"笋"这个字跟茭白联系在一起很好理解，笋要剥壳，茭白也要剥壳。杭州有一种特色面条叫片儿川，它的浇头主要由雪菜、笋片、瘦肉片组成，鲜美可口。在没有竹笋的季节，浇头中的笋片就用茭白替代。

"菰"这个字不常见，它是怎么跟茭白联系在一起的呢？原来，菰是一种生长在浅水里的植物，在唐代以前，人们种植菰，就像现在人们种植水稻一样，是一种粮食。等菰结了果子，它的果子被称作菰米或雕胡米，是"六谷（稻、黍、稷、粱、麦、菰）"之一。古时候没有农药，菰生长在野外，难免会染上病虫害。人们发现，有一些菰感染了某种病菌之后，不会抽穗，而植株又没有生病的样子，依然绿油油的，但它的茎部不断膨大，逐渐形成纺锤形的肉质茎。这肉质茎，就是我们餐桌上的茭白。慢慢地，菰这个名字就少听到了，而茭白这个名字，无人不晓，也成了这种植物的新名字。再后来，人们知道了这种病菌的名字——黑穗菌，它寄生在茭白上。于是，人们就利用黑穗菌来阻止茭白开花结果，专门繁殖这种有病在身的畸形植物，把它培育为一种蔬菜。

茭白可以分为双季茭白和单季茭白，双季茭白产量较高，品质也较好。在苏州有一则民间故事，说茭白本来一年只熟一季，后来被铁拐李施了法，就一年熟两季了。

茭白为啥一年能收两茬

早先，苏州一带种茭白只可收四月这一茬，现在八九月秋茭又上市一次，这是为啥呢？据说，上八洞神仙中的铁拐李不大相信世上有好人。一天，铁拐李听吕洞宾称赞苏州葑门外大荡村出了个好人，叫阿戆，最肯帮别人忙。铁拐李不相信，说："世上怎么可能有这样的好人？"于是，他决定下凡到苏州走走，看看真假。

来到葑门城外，铁拐李摇身一变，变作一个面黄肌瘦、又脏又癞的老叫花子，沿路乞讨。一路上遭了不少白眼，他心中暗笑："哼！世道都坏成这样，还说有人肯帮别人忙，真是活见鬼。"

他一步一跷地走进大荡村，在村东头柳树下躺了下来，嘴里不停地"唉哟——唉哟——"地呻吟着，看上去快要断气了。正好有一群小伙子从田头挑了茭白进村，铁拐李晓得走在最前头的、赤膊的那一个就是阿戆，于是，他呻吟得更厉害了。

阿戆挑担走过，一看路边的老叫花子快要死了，就把担子放下，对旁边的乡邻说："水根，你家的茭白你自己挑吧，我不帮你挑了，我救人要紧。"说着，阿戆就背起铁拐李，往自己家里走去。水根在后面关照阿戆："你自己家的茭白还没收呢，要抓紧了。"可阿戆一心救人，啥也没听见。

阿戆把老叫花子背到家里安顿好，烧水端汤，一直忙到黄昏，这老叫花子才好了些，不那么呻吟了。其实，铁拐李躺在床上半睁着眼看阿戆那副样子，心想：这阿戆倒像是肯做好事的，但明天还要再试他一试。

天刚蒙蒙亮，阿戆发现床上的老叫花子病得更厉害了，忙给他捶背喂汤，忙活了一会儿，老叫花子总算回过气来了。这老叫花子泪汪汪地拉着阿戆的手，说："小阿哥啊！我看上去不行了，人要落叶归根，我的老家在河南，你能否帮忙送我回家去，我这把老骨头死也要死在老家的土地上……"

阿戆二话没说，背起老叫花子就走。

一路上，阿戆无微不至地照顾着老叫花子，走了快两个月，才到了河南地界。铁拐李看阿戆没有半句怨言，这才心服，也相信了吕洞宾的话——阿戆确实是个大好人。他不忍心再让阿戆辛苦，便指着不远处的一间草房说："到了到了，小阿哥，你为我可耽搁了地里的农活啊！真是对不起！"

这么一说，倒提醒了阿戆，他拍着胸脯笑着说："对啊！我田里的茭白恐怕早已烂掉了。不过，老人家，您别放在心上，茭白明年还会长出来的啊。"

老叫花子忽然哈哈大笑，说："我一直不相信世上有好人，现在才知道世上还是有好人的，小阿哥你可让我服了！你放心回去吧！我保你田里的茭白长得又大又好！"说着，老叫花子慢慢升到云中，不见了。阿戆呆呆地看了半天，才明白大约是碰上了仙人。

阿戆回到苏州时已是秋天了，赶到田里一看，自家的茭白正长得喜人，划开茭白壳，个个像烛台那样又大又白，比春天的茭白还要好。

乡邻们得知阿戆种的茭白秋天还能收一熟，都来向他讨种。

从此以后，茭白一年就能收两茬了。乡邻们夸奖阿戆说："憨人有憨福。"这句话也在苏州一带流传开了。

有人这样盛赞茭白："生于水中的茭白，如同莲藕、菱角一样，有着与生俱来的洁净、清新气质，既可蔬，亦可果，都是至佳味道。初夏生出的茭白，剥去青绿叶后，露出一节新鲜的莹白的茎，汁液饱满，难怪有人以生食为乐。"

"生食为乐"这四个字告诉我们，茭白是可以生吃的，跟黄瓜、番茄一样。有一回，我读明朝张岱的《西湖梦寻》，发现也有类似的记载。

法相寺：寺前茭白笋，其嫩如玉，其香如兰，入口甘芳①，天下无比。然须在新秋②八月，余时不能也。

（摘自张岱《西湖梦寻》）

注解

　①甘芳：芳香甜美。

　②新秋：初秋。

译文

　　在法相寺前面，种有茭白，它色泽如玉，嫩嫩的，闻起来有一股清香，吃起来芳香甜美，真是天下无比。然而，只有在初秋农历八月，茭白才能如此鲜美，别的时候就没这样的味道。

　读了张岱对茭白的夸赞，发现他夸赞的是初秋的茭白，并不是初夏的茭白。而且，他还说了"余时不能也"，大概秋天的茭白生吃更好吃一些吧！

　茭白通常都是白色的。偶尔，我们也会遇到中心有黑点儿的茭白，黑点儿像散落的芝麻粒，便叫它芝麻茭，也叫灰茭，它的味道稍差一些。在唐朝时，人们管它叫"乌郁"。

　历史上，不乏有人孜孜不倦地探究"乌郁"的问题：为什么茭白里面会有黑点儿呢？有一个叫罗愿的宋朝人，他说这些黑点儿是因为淤泥钻到茭白里面去了。这是一个想当然的回答，淤泥是黑色的嘛！其实，这些黑点儿是黑穗菌产生的一种厚垣孢子造成的黑斑。

到了明朝，虽然人们也没法科学地回答这个问题，但是人们已经能够有效控制芝麻茭的出现了，在《养馀月令》中有记载："种茭白，宜水边深栽，逐年移种，则心不黑，多用河泥壅根，则色白。"实践出真知，古人是充满智慧的！

茭白小的时候，有一个可爱的名字，叫茭儿菜——没长成的茭白，每年春天可采了做菜，待到夏天便长成了茭白。用茭儿菜炒的鸡蛋或肉丝，或用来烧汤，味道鲜美，还有利尿、清热的功能。以前，南京有家饭店的茭儿菜烫面饺子别有风味。作家张恨水、张友鸾，画家傅抱石等人，都来吃这特色饺子，是店里的常客。

茭白还可以像竹笋一样晾晒之后再吃。三十斤新鲜茭白只能晒出一斤茭白干，拿它与酱油腌好的五花肉同蒸，是一道难得的美味。

茭白与莼菜、鲈鱼并称为"江南三大名菜"。看完了关于茭白的故事，你想不想今晚来一盘茭白干蒸五花肉呢？

秋分——茭白

17

寒露

番薯

客莆田徐生为予三致其种，
种之，
生且蕃，
略无异彼土。

　　番薯，也叫甘薯、红薯、朱薯、白薯、地瓜、红苕。

　　番薯也是菜？当然。番薯削皮切片或切条，铺在盘子里，上面盖一层腊肉，蒸起来，好吃得很；番薯的叶子，挑粗大而嫩的掰下来，剥去外皮与叶片，茎折成小段，炒肉片或豆腐干，也很好吃；番薯藤的嫩头，也是可以炒来吃的。这嫩头一折断，断面上便冒出白白的浆汁，黏黏的，淀粉含量特别高，所以，番薯能洗淀粉。在乡间，每到番薯收获的季节，好番薯方便保存，留下做种或留着慢慢吃，有损伤的番薯和歪瓜裂枣型的番薯则洗干净，打成浆，把汁水过滤出来，沉淀在木桶里；过几天，倒去水，白色的淀粉已在木桶底部，厚厚一层，挖出来，排放在竹编上，借太阳的热晒干，保存起来，可以做羹，也可以做番薯粉条、粉皮，创意无限，美味无限。

　　民间俗语：瓜菜半年粮。番薯不仅是菜，也是饭。小时候，家里常常焖一锅番薯当点心，甜甜的，糯糯的，吃多了晚饭便吃不下了。如今，偶尔走在街上，远远飘来一股香味，就知道前边有卖烤番薯的。那香是真香，勾人魂魄。只是这香味太文绉绉了，不似我小时候，直接从富春江边沙土地里挖出番薯，捡一些干草柴火，干柴烈火地烧起来，番薯直接扔火里面，虽然表皮会烧成黑炭，但掰开来，黄黄的，冒着热气，散出香味，一级棒的。在乡间，有烧草木灰的习惯，这草木灰是田地的肥料，勤劳的庄稼汉会把路边的杂草锄回来，晒干，然后堆起来点火，有时候一堆草木灰能燃好几天，像一座矮坟，上头冒着青烟，虽没有明火，但拨开来里面是红亮红亮的烫，埋几个番薯进去，不一会儿就熟了。或者，趁家里用柴灶烧饭的时候，放一个番薯进去烤烤，也是极方便的。

番薯的老家在美洲，哥伦布航海去了美洲，觉得番薯味道很好，便带回了西班牙。因吕宋（菲律宾）被西班牙占领，番薯也就到了吕宋；而吕宋之前是明朝的附属国，那里华侨很多，番薯便在那时来到了中国。这一过程说起来很简单，但当年是有惊心动魄的故事的。

福州乌石山上有座古朴的八柱圆形的亭子，飞檐翘角，匾上有三个金色大字——先薯亭。人们建造它，是为了纪念两个明朝人，一个叫陈振龙，一个叫金学曾。

陈振龙是福建长乐人，从小读诗书，中过秀才，本来也想考状元的，但后来还是做了商人，下了南洋。初到菲律宾时，他看到当地沙地上长着一种植物，绿绿的叶，长长的藤，爬满整片沙地。一个农民揪住藤，用力一拉，连根带沙拔了出来，一串红皮、拳头大小的东西，有点儿像红萝卜。这个农民挑了一个，用水洗去沙泥，生吃起来。白色略带黄色的肉，吃得津津有味。陈振龙动了好奇心，走过去问："这是什么东西？"可惜，两人言语不通，鸡同鸭讲。

旁边有位白发苍苍的老华侨，他告诉陈振龙：这东西，当地土人叫它白薯，华侨叫它番薯，能生吃，煮熟更好吃。而且，这东西比较"贱"，对生长环境不十分讲究，山上能长，沙里能生，田地里当然长得更好了。陈振龙暗自高兴，在他老家，沙地多，不肥沃，十年九旱，所以难免要闹饥荒。如果把番薯引回家乡去，乡亲们就不愁饿肚子了。

想法虽好，但是操作起来有难度。当时，菲律宾是西班牙的殖民地。陈振龙从老华侨口中得知，西班牙人有规定，不允许把番薯带出菲律宾。以前，有人偷偷把番薯藏在船上，开船前，警察上船检查，发现了番薯，结果整船货物全部被没收，藏番薯的人也被关了起来。

陈振龙一听，犯愁了。

在菲律宾待了一段时间，陈振龙吃了不少番薯，生的脆甜，熟的香甜，番薯干也好吃，用番薯粉做成的各种食物更美味。他一直记挂着，要是能把番薯带回家乡去种植，那该多好啊！

终于，他要搭船回家乡了，他决心碰碰运气，便偷偷往怀里塞了两个番薯，上了船。

夜里，陈振龙抱着番薯睡着了。突然，岸上响起一阵锣声，人声喧哗。

他赶忙爬起来，只见岸上点着无数灯笼火把，一群警察持刀荷枪冲上船来。陈振龙急了，连忙跑到船尾，装作上厕所，混乱之中把两个番薯扔进了水中。警察们翻箱倒柜，连船舱板都撬开了，结果什么也没搜出来，只好败兴而去。

这么一折腾，天也快亮了，船也要开了，陈振龙有些难过却也没了办法。难道事情没有转机了？不，那位白发苍苍的老华侨来了。他和陈振龙早成了一对忘年交，看到陈振龙失魂落魄的样子，拍拍他的肩膀，说："小弟，不要灰心丧气。"然后，他把头上的斗笠摘下来，戴在陈振龙头上，说："你将这捆番薯藤编进缆绳里，缠在船旁，混出港口，带回国去。秋天，乡亲们就能吃上番薯了。"

陈振龙一听，喜上眉梢。原来这顶斗笠有玄机，里面编了好多番薯藤呢。而一旦将番薯藤插进土里，就会生根发芽，它的生命力可强了。陈振龙克制住自己的激动，与老华侨对望，轻轻地说了声"谢谢"。老华侨叹了口气，说："不值得谢！我也是长乐人。家乡十年九旱，无法立足，只好跑到异国谋生。这辈子，就漂泊在外了。"陈振龙说不出话来，老华侨哀叹一声，转身匆匆走了。

依照老华侨的话，陈振龙将番薯藤编进缆绳挂在船旁。混出港口后，他忙把番薯藤浸在淡水中。船在海上走了七七四十九天，历尽风浪摇颠之苦，终于把番薯引种回国。

这一年，长乐闹春头旱，几个月不下雨，插不下秧。而陈振龙与他儿子试种的番薯获得了大丰收。第二年又是大旱之年。在福建巡抚金学曾的推广下，乡亲们都种上了番薯，度过了荒年。乡亲们从心底感谢他们，就在乌石山上盖了这座先薯亭。

据史料记载，陈振龙是在明朝万历二十一年（1593年）将番薯藤带回国的，堪称"番薯之父"。还有两个人也不能忘记：一是广东人林怀兰，在明朝万历年间，他去交趾（今越南）行医，见到了番薯，就想办法把它带回了国；二是广东人陈益，在1582年从越南带回了番薯藤。他们都是有贡献的人，走到哪里，心里都惦记着家乡。为了把番薯藤带回国，我还听过几个不同版本的故事，或是将番薯藤藏在盒子的暗格里，或是绑在身上，或是编织在竹篮里，真是想尽了办法。

番薯在神州大地上落了根，但推广起来，也不是一夜之间的事，而是经过了许多人的努力，比如，明朝的金学曾、徐光启，清朝的陈世元（陈振龙的五世孙）等。

岁戊申 ①，江以南大水，无麦禾，欲以树艺佐 ② 其急，且备异日 ③ 也，有言闽、越之利甘薯者。客莆田徐生为予三致其种，种之，生且蕃④，略无异彼土。庶几哉，橘逾淮弗为枳矣。余不敢以麋鹿自封⑤也，欲遍布之，恐不可户说⑥，辄⑦以是疏先焉。

（摘自徐光启《甘薯疏序》）

注解

① 戊申：即1608年，明神宗万历三十六年。

② 树艺：种植。佐：救助。

③ 且备异日：而且防备将来（的灾荒）。

④ 蕃：茂盛。

⑤ 麋鹿自封：是"麋鹿之说自封"的省词。这话的意思是，我不敢用"某种生物只应在某种特定地区才能生长"的说法把自己局限起来。

⑥ 户说：一户一户人家去游说。

⑦ 辄：就。

译文

1608年，长江以南发大水，麦子稻子都没有收获。我想种点儿什么来救急，同时也为以后的救灾预作打算。有人说福建、浙江在灾荒年月种植甘薯获益，门客莆田徐生多次给我送来种子，试着栽种，产量还很高，和原来土生土长的并没有差别。看来，橘树即使过了淮河也不会结出枳实来。我不敢用麋鹿只徐光启把福建的番薯种到上海一带，他亲自种，还写了一本书《甘薯疏》，大力宣传番薯。他的努力，一定是让更多的人在自家田地里种下了番薯，不然人们怎么会编与番薯有关的故事呢？

以前，世上还没有红薯。有一次周武王带兵西征，被围困在一座叫作"红薯"的荒山上。

这座山，一没人烟，二没吃的。几天以后，粮草用光了，外面又没有救兵，眼看几十万兵马就要饿死了，急得周武王团团转。

这一切，被天上的太白金星看到了。太白金星晓得周武王是一个蛮有作为的大王，不忍心看见他的兵马打败仗，就想暗中帮一把。他变成一个农夫，来到军中求见武王，说可以帮助武王解决粮草问题。武王大喜，马上面见了太白金星，向他讨教解决粮草的法子。太白金星折来一大把樟树枝，一根根扦进土里，还交代——过五天去翻土，就会得到吃的东西。

武王看到士兵们个个肚子饿得咕咕叫，心里好难受。没等五天，他就到土里去翻，在扦了樟树枝丫的地方长出了一个个圆圆的红皮白肉的东西。武王马上叫军士们把所有扦了樟树枝的地方全部翻起，翻到好多这种红皮白肉的东西。全军饱餐一顿，个个精神十足，冲出了包围，把敌兵打得大败。

从此以后，人们就把红薯山长出的这种东西叫红薯。虽然现在的红薯叶子变了样，但还是有点儿像樟树叶子，而且红薯烂了，就有一股樟树味。红薯存放不能久，是武王没听太白金星的话提早翻动了的缘故。

番薯与樟树都能搭上关系，这想象力真是无穷，又加进了太白金星，充满神话色彩的故事。番薯高产，填饱肚子没问题，而且它还有"土人参"的美名呢！

传说，乾隆皇帝晚年曾患有老年性便秘，太医们想尽办法为他治疗，但都没什么效果。一天，他散步路过御膳房，闻到一股甜香气味，特诱人。乾隆走进去问："是什么东西这么香啊？"一个太监正在烤红薯，抬头一见是皇上，立马叩头："启禀万岁，这是烤红薯的气味。"并顺手呈上了一个烤好的红薯。乾隆大口大口地吃了起来，吃完后连声道："好吃！好吃！"此后，乾隆天天都要吃烤红薯。不久，他久治不愈的便秘竟然有了很大改善。乾隆十分高兴，夸赞说："好个红薯！功胜人参！"从此，红薯得了个"土人参"的美称。

怎么样？想吃烤番薯了吗？闻到那香味了吗？是上街去买一个，还是亲自烤一个呢？

18

霜降

冬瓜

剪剪黄花秋后春，
霜皮露叶护长身。
生来笼统君休笑，
腹内能容数百人。

　　从前，有个范相公，傻里傻气，却很有钱，住在半山腰的大房子里。

　　有一天，范相公赶集，在集市上看见一个人骑着一匹大红马，很是威风。范相公看在眼里，痒在心里。他想，如果我能有一匹这样好的马该有多好啊！于是，他自作聪明地上前问道："请问官人，你可有马蛋卖？"官人一听，差点儿笑出声来，心想："此人连马是怎样来的都不清楚，真笨！"便故意与他逗笑："我这匹马可来之不易，我把马蛋放在被窝里，有日有夜抱了一个多月。"

　　范相公一听，有门道了，心里急起来，但还是文绉绉地问道："马蛋何处有卖？"

　　官人见街上正好有人卖冬瓜，用手一指，说："你看，那就是！"

范相公三步并作两步，来到卖冬瓜的农户跟前，问道："马蛋多少银子一个？"

农户也觉得此人好笑，故意说："你想买，那就少算一点儿，三十两银子一个。"

范相公也不还价，当即给他三十两银子，抱起冬瓜便走。

回到家中，范相公急急忙忙地把冬瓜放在床上，盖好被子，并要他老婆和自己轮流上床抱"马蛋"。

时间过了二十多天，"马蛋"在被窝里已发霉腐烂，散出一股臭味。他老婆骂道："早就说是冬瓜，你偏说是马蛋，还不快点儿丢掉！"

范相公无奈，抱起冬瓜，走到门前，往山下摔去。碰巧，灌木丛里藏了只山羊，受惊后拼命往外跑，范相公一见，仰天长叹："真背时，好好的一匹小马跑掉了。"

这故事叫《范相公抱"马蛋"》，读过之后，实在难忘——记忆中，冬瓜便添了新名字——马蛋，挺新鲜的。你看，鸡蛋那么小，鸡就那么大；马那么大，如果有马蛋的话，冬瓜还真挺合适。

冬瓜为什么叫冬瓜呢？民间传说，也是有故事的。

神农氏为人们培育了"四方瓜"：东瓜、西瓜、南瓜、北瓜，并且按方位，要瓜兄弟四人各奔东、西、南、北。

老二西瓜来到西方，它扎根在沙土地里，个儿长得又壮。

老三南瓜来到南方，它爬墙攀树，结出又圆又大的瓜，既能当饭，又能当菜。

老四北瓜来到北方，它顺地长，一根茎能结三四个老碗大的北瓜。

老大东瓜，它这儿看看，那儿转转，到处流荡，没个正经。

神农氏对东瓜说："你应该到东方去扎根呀！"

东瓜说："我不去东方。"

"为啥？"

"我害怕海水淹死我。"

"那你到哪儿去呢？"

"让我去西方吧！"

神农氏答应了东瓜的请求。

可是，东瓜一见沙土地，便感到口干舌燥，对神农氏说："我不想在西方，住西方渴得受不了。让我住南方吧！"

神农氏又答应了东瓜的请求。

东瓜来到南方，热得它通身是汗，又大声嚷嚷着找神农氏说："我不想在南方，怕日头晒死我，让我到北方去吧！"

神农氏第三次答应了东瓜。

东瓜来到北方，见北瓜早趴在地皮上结出了瓜，它又眼红，又窝火，找到神农氏说："我不住北方，北方冷，再说，北方没空地了。"

神农氏说："西瓜甜、南瓜圆、北瓜长得似磨盘，它们都

一種

かうらいと

筑後柳川に産する
もの皆長く越瓜に似て

二 稍大ニ長さ二三尺
にて外ハ白色
白毛あり味ひ同
じその子同〜

忙着生儿育女，我看，你还是回东方去住吧！"

东瓜说："为什么非叫我去东方呢？"

神农氏说："东瓜东瓜，东方为家嘛！"

东瓜争辩说："不对呀，应该是东瓜东瓜，冬天结瓜。"

神农氏想了想，说："冬天菜少，你就冬天结瓜吧，改叫'冬瓜'也好。"

冬瓜又说："立秋一过天气凉，身子贴地冷断肠。"

神农氏说："那就给你搭个架子吧！"

神农氏就用三根木棍为冬瓜搭了一个架子，冬瓜得意得不得了，对它的三个兄弟说："天有四季分阴阳，春夏秋冬冬为王，地有四方明方向，东西南北东为王，家占东来长在冬，天上地上我为王。"

它的三个弟弟都不服气。冬瓜见三个弟弟不买账，胀大了肚皮儿拉长了脸，长得比桶还粗大。别说到冬天，刚交寒露节，冬瓜就受不了了，催人们快快摘它。现在，人们一提到冬瓜，都会说："冬瓜冬瓜不见冬，个子大来肚子空。"

宋代郑清之有一首《冬瓜》诗："剪剪黄花秋后春，霜皮露叶护长身。生来笼统君休笑，腹内能容数百人。"黄花、霜皮、腹中空，这些都是冬瓜的特点。老家的菜园子里，冬瓜有青皮冬瓜和白皮冬瓜之分，青皮冬瓜自然没有"霜"，白皮冬瓜是有"霜"的，用手一抹，能抹掉，但冬瓜皮上还长着细细的毛，扎在手上不舒服。

小时候，家里冬瓜丰收，除了留下几个自己吃的，剩余的都装上双轮车，推到蜜饯厂卖掉。有一种蜜饯叫冬瓜糖，真好吃，童年的美味。我父亲在蜜饯厂上过班，我去厂里玩过几次——太阳下，竹匾上，晒着密密麻麻的各种蜜饯；大大的水泥池里，大袋大袋的白砂糖倒进去，蜜饯泡在里面；站在厂里的任何一个角落，鼻子里都是好闻的蜜饯味。当然，我最爱的是冬瓜糖，甜又脆，现在想来才觉得甜得有点儿腻，但那时最爱甜食了，白糖拌白粥，起码加两大勺。好多年没有吃过冬瓜糖了。家乡的蜜饯厂还在，但大家只把没卖掉的杨梅以极其便宜的价格卖给蜜饯厂做杨梅干，卖冬瓜，厂里不收了。

　　留在家里的冬瓜，一直能吃到春天。如果冬瓜个大肉厚，母亲切开冬瓜后，会把它的籽留下来，晾晒在窗台上，干了收进罐子里，来年家门前又是一片霸道疯长的冬瓜藤，叶大，花大，冬瓜大。

　　冬瓜炒虾皮、炒笋干、炖排骨汤，这些都是家常菜。虽然有味道，但若是天天吃，大概也受不了吧？

　　有人延①师教其子，而馆餐殊菲②，顿顿冬瓜而已。师语主人曰："君颇嗜冬瓜乎？"主人曰："然也。其味固美，且有明目之功。"一日，主人至馆中，师凭楼窗眺望，若③不见者。主人自后呼之，

霜降　冬瓜

161

乃谢曰："适在此看都城演戏，遂失迎迓^④。"主人讶曰："都城演戏，此岂得见？"师曰："自吃君家冬瓜，目力颇胜。"

（摘自《历代小品幽默》）

注解

　　①延：请。

　　②菲：微，薄。

　　③若：好像。

　　④迎迓：迎接。

译文

　　有人请了位老师教他的儿子念书，但是供给老师的伙食很差，顿顿不过冬瓜而已。老师问主人："您特喜欢吃冬瓜？"主人答道："是啊，冬瓜的味道本来就鲜美，而且还有明目的功效。"有一天，主人到学馆中来，老师正在楼上凭窗眺望，装着好像没有看见主人。主人在身后招呼他，于是他抱歉地说："我正在这里看都城演戏，以致没有迎接您。"主人诧异地问："都城演戏，这里难道也可以看见？"老师说："自从吃了您家的冬瓜，视力增加了不少。"

　　这位老师也可怜，碰上了抠门的东家，让人联想到另一个抠门东家："无鸡鸭也可，无鱼肉也可，顿顿稀饭绝不可少，

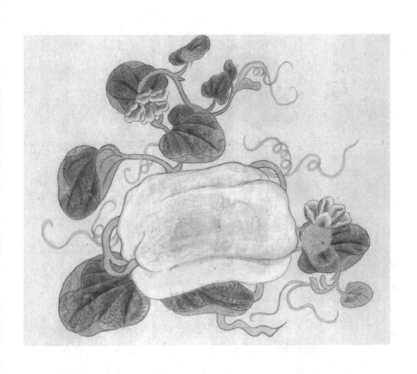

不得薪金。"老师的本义是"无鸡，鸭也可；无鱼，肉也可；顿顿稀饭绝不可，少不得薪金"，奈何东家无良，也只能吃哑巴亏。谁让古时候没有标点符号呢！

在浙江宁波，菜肴称为"下饭"，真实在啊。家里长辈说，菜的任务是把饭骗进肚子去。在下饭菜中，有一道"臭冬瓜"，家常必备。我不敢吃，据说同臭豆腐一样，闻之异味扑鼻，尝后风味独特。但我留心它背后的一则历史传说，与秦桧有关。

相传，奸相秦桧媚外欺内，残害忠良，坏事做绝，天下百姓恨不得剥了他的皮，啃了他的骨。自从风波亭杀害岳飞父子之后，秦桧天天夜里做噩梦，日子一长，便得了"嗝食症"，胸口闷嗝，吞咽困难，觅遍江南名医，病情毫无起色。

六月酷暑，听说宁波天童寺的菩萨十分灵验，他拖着病体，要去求神拜佛。太阳当头照，花儿不对他笑，知了疯叫，秦桧坐在轿中透不过气来。他害怕半道没了命，便命轿夫打道邻近太白山麓的小村歇歇脚。

正是中饭时间，秦桧走进一户农家，见老汉一家人正在吃一种"下饭"，异香扑鼻，问道："这是什么菜？"老汉见是秦桧，恨得牙根痒，奈何秦桧权倾朝野，身边又围着一帮家奴恶仆，怎敢得罪他，于是借菜消恨，随口说："臭得卤。"宁波有著名的"三臭"——臭冬瓜、臭豆腐和臭苋菜梗。臭冬瓜怎么做？将冬瓜切块，煮得半熟，晾干后放入"臭卤甏"里浸泡几天，拿出来烹调，便是好菜一道。老汉说"臭得卤"是在骂秦桧呢。"得卤"与"得路"发音相近，"得路"指掌握大权的人。

秦桧天天山珍海味，早吃腻了，闻着臭冬瓜的味已经咽口水了，加上此时已是饥肠辘辘，便不顾身份拿起筷子尝了一口。不尝不知道，一尝根本停不了。他胃口大开，竟然将一碗"臭冬瓜"吃个精光，而且，吃完以后，觉得上下通气，舒服了许多。

回到杭州后，秦桧餐餐吃臭冬瓜。俗话说，好事不出门，坏事传千里。秦桧爱吃臭冬瓜传开了，百姓们笑话他："臭得路"与"臭冬瓜"真是臭味相投啊！人们将臭冬瓜比作秦桧，吃了它，解恨。

在西湖边岳王庙内，白铁无辜铸佞臣。冬瓜也无辜，竟成了秦桧的化身。冬瓜会生气吗？应该不会吧。

19

立冬

莲藕

予独爱莲之出淤泥而不染，

濯清涟而不妖，

中通外直，

不蔓不枝，

香远益清，

亭亭净植，

可远观而不可亵玩焉。

　　我小时候采过莲蓬，吃过莲子，折过荷叶当雨伞，内心一个疑问发了芽：为什么花叫荷花，子却叫莲子？为什么叶叫荷叶，根茎却叫莲藕？这"荷"与"莲"是两个不同的字，却用在同一样植物身上，它们之间有什么关系呢？

　　我去问大人，他们只告诉我，荷花就是莲花，是同一个东西的两个名字，但这并不能解除我的疑问，反而还多了一个疑问：荷花和莲花真是同一种花吗？它们就没什么区别吗？于是，我去查字典、词典。

　　荷花：莲的花。

　　莲：多年生草本植物，生在浅水中。叶子大而圆。花大，有粉红、白色两种。种子称"莲子"，包在倒圆锥形的花托内，合称"莲蓬"。地下茎肥大而长，有节，称"藕"。种子和地下茎都可以吃。也叫荷或芙蓉。

后来，我又查了一些资料。《尔雅》载："荷，芙蕖。其茎茄，其叶蕸，其本蔤，其华菡萏，其实莲，其根藕，其中菂，菂中薏。"《本草纲目》载："莲茎上负荷叶，叶上负荷花，故名。"有人说，白色的是莲花，红色的是荷花。也有人说，有藕的是荷花，没藕的是莲花，如睡莲。还有人说，把"莲"称作"荷"，是因为古人称莲的绿茎为荷，后来，莲与荷混在一起了，通用了。而莲花除了指荷花以外，有时候也指睡莲，从词语包含的意思来讲，莲花比荷花包含的范围要大一些。就这样，我的疑问慢慢地解开了。可看了几个传说之后，又来了新的疑问。

王母娘娘在瑶池举行蟠桃盛会，宴请各路神仙。荷花仙子负责炖莲子汤，她手捧莲子汤来晚了，惹怒了王母娘娘。荷花仙子跪下来，双手将一盆莲子汤高举过头，王母娘娘挥手就把莲子汤打翻了。莲子正好落在福建建宁金铙寺前的两口放生池内，荷花仙子也被贬到金铙山附近的村子里，成了普通老百姓。不久之后，放生池里长出了鲜艳的莲花，一口开红花，一口开白花。后来，建宁城关西门有一个叫李直的年轻人，去金铙山砍柴，遇见了荷花仙子。他们一见钟情。在农历六月二十四日这一天，荷花仙子送了几株莲花给李直。他把它们种到西门的池塘里。从此以后，莲子成了当地的特产，农历六月二十四日成了莲花的生日，被当地老百姓定为莲花节。

还有一个传说，说荷花是王母娘娘身边的一个侍女变的。这个侍女名叫玉姬，她看见凡间男耕女织，双双对对，心里十分爱慕，因而动了凡心。有一天，她偷偷跑出天宫，来到美丽的杭州西湖，尽情玩耍，美丽的景色令她流连忘返。天仙私自下凡是犯了天条的。王母娘娘知道玉姬下凡游湖后，就把她贬到凡间，打入西湖的淤泥之中。从此，天宫中少了一位美貌的侍女，人世间多了一种漂亮的花。玉姬被贬的那一天是农历四月二十八日，因此把这一天定为荷花的生日。

关于荷花的生日，还有一种说法是农历六月二十日，这个日子与观音菩萨有关。

观音菩萨经常云游四海。有一年农历六月二十日，她云游回来，发现旧座椅坏掉了，就想造一个新的。她从嘴巴里吐出一颗天上人间都没有的莲子，然后手指一弹，莲子在空中发芽、长叶，开出一朵香气四溢、金碧辉煌、有灵性的荷花。她坐到荷花上，感觉很不错。后来，其他菩萨也用荷花当座椅了。

在古代，荷花生日是个热闹的节日，一般以农历六月二十四日为主。有诗云："淤泥不染清清水，我与荷花同日生。""荷花今日是生日，郎与姜船开并头。"不同的故事中，荷花生日的日期是不一样的，农历六月二十四日、农历六月初四日、农历四月二十八日、农历六月二十日……同一种植物

开同一种花怎么会有这么多个生日呢?

我猜想,这跟荷花生长的地域和周期有关。荷花的花期是六月到九月,因为地域不同、气候不同、环境不同,所以它开花的日子也会有所不同,"人间四月芳菲尽,山寺桃花始盛开",所以农历六月不同的几个日子,被不同地方的人们定为荷花的生日、节日。

那农历四月二十八日怎么解释呢?我继续猜想,第一种可能,在江南地区,一般每年的三四月种植莲藕,种下去十几天,便会长出荷叶。农历四月二十八日这个日子,荷叶长出来了,意味着荷花也已经出生了。第二种可能,佛教中有个药王菩萨,他本名叫星宿光,因为供养和尚,施药救人,所以得到人们赞赏,被人们尊称为药王。后来,他修炼成了菩萨,号净眼如来。农历四月二十八日是他的生日,人们在画他的画像时,有时会在他的手中画上一朵荷花。因此,人们便把药王菩萨的生日和荷花的生日合在一起了。

好了,猜想到此结束。不管这些疑问的答案是什么,都不影响在家里的餐桌上多一道用莲藕做的菜:酸辣莲藕丝、莲藕排骨汤、冰糖莲藕、凉拌莲藕、莲藕什锦羹等,都是很好吃的。如果在吃莲藕的时候,能想到周敦颐的《爱莲说》,那又是一番味道吧?

予①独爱莲之出淤泥而不染,濯清涟而不妖②,中通外直,不蔓不枝③,香远益④清,亭亭净植,可远观而不可亵玩⑤焉。

（摘自周敦颐《爱莲说》）

注解

① 予：我。

② 濯：洗涤。清涟：水清而有微波，这里指清水。妖：美丽而
不端庄。

③ 不蔓不枝：不生枝蔓，不长枝节。意思是不牵牵连连的，不
枝枝节节的。

④ 益：更加。

⑤ 亵玩：玩弄。亵：亲近而不庄重。

译文

　　我唯独喜爱莲花，爱它从积存的淤泥中长出却不沾染污秽，
在清水中洗涤过却不显得妖媚。它的茎中间贯通，外形挺直，
不生枝蔓，不长枝节，香气远播，更加显得清幽，它笔直而洁
净地立在那里，人们只能远远地观赏它，不可以贴近玩弄它啊。

　　莲藕有两大特点。一是有丝，切断莲藕，丝并不明显，
若是掰断莲藕，丝能拉很长，像两只不忍分别的手，再握一会
儿，再握一会儿。在吃莲藕炖排骨的时候，因藕块较大，咬
一口，丝便缠绕起来。二是有孔，这孔有讲究，曾有一位老
中医就用它收了两位好徒弟。

　　红安县县城最大的药房名叫普济大药房，店主黄老先生无儿也无女。他已经年过古稀了，决定收几个徒弟，传承医术，继承家业。消息传出后，前来拜师的人很多，黄老先生的家门都快被他们挤破了。

　　黄老先生挑谁当徒弟呢？出乎大家的意料，他只提了一个要求：想尝一尝天台山上的莲藕，要他们亲自去天台山采些莲藕回来，并用各自采回的莲藕亲手做一道滑藕片，等他分别品尝了莲藕之后，再来挑徒弟。这话一说，大家嚷嚷着，要去天台山采藕的人就有几十个。

莲藕采回来了，滑藕片也烧好了，黄老先生一个一个地尝，最终他收下了两个徒弟。那些没被收下的，有的走了，有的急了，其中有一个人是厨师，他喊道："老先生，这不公平，我的莲藕烧得比他俩好多了，怎么没收我呢？再说了，他俩跟我一样，都没什么医术基础。"

黄老先生语重心长地说："没基础不要紧，我可以教，但做人一定要诚实、本分，这个我没法教。我不是真的想吃莲藕，而是借天台山上的莲藕看看你们的人品。你们不知道，这天台山上的莲藕是一味中药，有十一个孔，这一点，也许你从来没有留意过。你看看你烧的莲藕有几个孔，是你从天台山上采来的吗？"

厨师羞愧了。原来他觉得天台山山高路远，车马不通，来去要一天时间，太麻烦了，就偷工减料，顺手从家里拿了一些莲藕来。

那些刚才还觉得不公平的人，现在也不说话了。他们做了假，被黄老先生点破了，灰溜溜地回家去了。

收徒弟用烧菜作考题，这还真是意外，但又那么在理，从小处见大处，"莫以恶小而为之"。另外，这个故事也告诉我们，生活处处都值得留心。你数过莲藕有几个孔吗？我数过，莲藕有七孔的、九孔的，故事中的十一孔莲藕，据说是湖北焦湖的特产。听说，还有五孔藕。

　　清代诗人曹寅有诗云："一片秋云一点霞，十分荷叶五分花。湖边不用关门睡，夜夜凉风香满家。"我总是幻想，这香气也有莲藕的一份功劳吧。

20

小雪

葱

新野赵贞家，

园中种葱，

未经摘拔。

忽一日，

尽缩入地。

后经岁余，

贞之兄弟相次分散。

　　拌豆腐的小葱，有人喜欢，有人不喜欢。传说，葱是神农尝百草时发现的一味草药。由于在日常饭菜中经常使用，属于百搭类的作料，所以它又被称为"和事草"。

　　葱是一味草药？真不敢相信。但药食同源，《本草图经》《本草纲目》等古代中药学著作中，有关于葱的详细记载，民间则流传着用葱治病一类的故事，不得不让人对葱另眼相看。

最早的导尿术

　　药王孙思邈，无人不晓。他提倡医德，强调医生要时刻为病人着想。

　　有一天，来了一位病人，神情痛苦，声音都是发抖的："救救我吧，先生。我这肚皮胀得实在难受，尿脬（suī pao，膀胱的俗称）都快要胀破了。"

确实，他的肚皮胀得像一面鼓，双手捂着肚子，一副尿急的样子，偏又尿不出来。看到病人痛苦的样子，孙思邈心里非常难过，他想："尿流不出来，大概是撒尿的口子不灵了。肚皮鼓那么大，吃药恐怕是来不及了。如果从尿道插进一根管子，也许就能尿出来。"

孙思邈决定试一试。可是，窄窄的尿道是肉长的啊，管子太硬肯定不行。到哪儿去找又细又软能插进尿道的管子呢？正为难时，孙思邈瞥见邻居家的小孩拿着一根葱管吹着玩，他灵光一闪，自言自语道："有了！"

他找来一根细葱管，切下尖头，小心翼翼地插入病人的尿道，并像邻家小孩一样，鼓足两腮，用劲一吹，果然，病人的尿从葱管里缓缓流了出来，鼓鼓的肚皮慢慢瘪下去了……

孙思邈是唐朝人。从这个故事中可以看出，在医学史上，他算是世界上第一个发明导尿术的人。这一定会让不少人感到惊讶，不是惊叹于导尿术，而是"恶心"于把葱跟尿扯在了一起，太倒胃口了。我要告诉这样想的人：人类的很多发明创造，都源于就地取材式的奇思妙想。

咱们接着说"葱"——古文中记载了一件与葱有关的奇事；关于葱的来历，民间还流传着令人回味的故事。

新野赵贞家，园中种葱，未经摘拔。忽一日，尽缩入地。后经岁余，贞之兄弟相次分散。

（摘自陶渊明《搜神后记》）

译文

　　新野县有个叫赵贞的人，在自家的菜园中栽种了葱，还没有收割。忽然有一天，菜园里的葱全部都缩进地下去了。经过一年之后，赵贞的弟兄们逐次分散了。

葱、蒜、韭菜的来历

　　很久以前，有三兄弟外出谋生，走到一座山脚下迷了路，左走右转，就是打圈圈，走不出去了。他们又饥又渴，又累又急，坐在地上，不知道该怎么办。这时，颤巍巍地走来一位七十多岁的老婆婆，身穿褐色长袍，慈眉善目，提着一个不大的瓦罐，看上去金光闪闪。三兄弟"呼啦啦"地迎上去，像抓住了救命稻草。老大说："老婆婆，活菩萨，您是从哪里来的呀？快告诉我们出去的路，我们被困在这里好几天了……"

　　老婆婆叹了一口气，眼神里透着疼爱，说："你们一定又渴又饿吧？出门在外不容易，来，我这罐里有水，你们喝点儿吧！"说着，她将瓦罐递到老大面前。老大接了瓦罐，连个"谢"字也没说，"咕嘟咕嘟"一阵猛喝。老二也渴坏了，一把夺过瓦罐猛喝起来。老三一看急了眼，生怕喝不上水，上来便夺。老婆婆摆摆手，微微一笑道："别急，别急，足够你们喝的。"

果然，那么小个瓦罐，三兄弟像牛一样猛喝，愣是一点儿也不见少。

三兄弟喝足了水。老婆婆从怀中掏出一个用布包裹着的鞋底饼，掰下三块递给他们："来，你们饿坏了吧？吃点儿干粮垫垫肚子。"

三兄弟一看，不由得大眼瞪起小眼来，心想：这么点儿干粮，连塞牙缝都不够。老婆婆看出了他们的心思，慈祥地笑了笑："你们尽管吃，管你们吃饱。"三兄弟狼吞虎咽地吃起来。咦，怪了，手里这小块饼子，就是吃不完。三兄弟吃饱喝足，老婆婆给他们指了出去的路，便提着瓦罐向前走去。

望着老婆婆远去的背影，三兄弟起了歹念：老婆婆提着的瓦罐和她布包里的饼子，定是宝物。谁有了这宝物，谁往后就不愁吃喝了……只见老大抡起一根木棒，老二、老三各自抽出腰刀，朝着老婆婆追去。

不一会儿，他们就追上了老婆婆。三兄弟一拥而上，老大举起木棒，照着老婆婆头上砸去；老二抡起腰刀，砍老婆婆的脚；老三觉得老婆婆穿的袍子很值钱，扒老婆婆的袍子。说时迟，那时快，只见老婆婆身子一抖，三兄弟就像遭了雷劈，一齐"扑通"摔倒在地上，"哎哟哎哟"直叫唤，再也爬不起来了。

老婆婆喝道："你们这些畜生，我好心好意给你们吃喝，又给你们指路；你们不思报恩，反倒要加害于我，实在是毒辣至极。留你们在世上，终是祸端！"说着，她捧起瓦罐，喝了口水，"噗"一口照着三兄弟喷去。

神了！三兄弟被水喷后，顿时身上冒出一股黑气，一下子全变了。老大变成了一种根部圆圆的、叶子扁扁的东西，就是现在人们吃的大蒜。因为老大用棒子砸老婆婆，所以人们吃蒜的时候，就把蒜砸成稀泥。老二则变成了茎短叶扁的韭菜。因为他是用刀砍老婆婆的脚，所以人们吃韭菜的时候，便从它的根部一刀刀割起。老三则变成了叶长中空的大葱。因为他扑上去剥老婆婆的袍子，所以现在人们吃葱时，就一层层剥它的皮。那个让三兄弟变成葱、蒜、韭菜的老婆婆，就是传说中的观音菩萨。

葱，在我国已有三千多年培育史，北方多栽培大葱，南方多种植小葱。

作家老舍先生在《到了济南》中赞道："不看花，不看叶，单看葱白儿，你便觉得葱的伟丽了……济南的葱白起码有三尺来长吧！"这山东大葱，有"葱中之王"的美誉，容易让人想到山东名小吃——煎饼卷大葱，吃起来是"嘎嘣脆"的。

浙江杭州也有一种与葱有关的著名小吃——葱包烩儿，据说它与南宋奸臣秦桧有关。

葱包烩儿的寓意

岳飞被杀害在杭州风波亭，这使爱戴他的人痛心疾首。杭州有位点心师傅，他用面粉搓捏成两个象征秦桧夫妻的面人，把它们扭在一起，丢进油锅中油炸，以解心中之恨，并称它为油炸桧儿（油条）。一时之间，市民争相购买，恨不得一口吞下油炸桧儿。

这一做法很快被各地仿效。为了避免秦桧起疑，人们把木字旁的"桧"改成了火字旁的"烩"。葱包烩儿就是将油炸桧儿和小葱裹在面饼内，在铁锅上压烤或油炸至面饼脆黄，配上甜面酱和辣酱——也是同样的寓意，就是对秦桧再狠一点儿。

我是南方人，不敢吃大葱，不爱吃小葱，却超爱吃葱包烩儿。我想，葱包烩儿不仅是人们对秦桧的痛恨，更表达了人们对岳飞的爱戴。为国为民的英雄，会一直活在人们心中。战国时的孙膑，也是一位令人敬佩的英雄，他跟山葱有个故事。

山葱与铃兰

战国时，孙膑与庞涓打仗，他们本是同学，后来却斗得你死我活。

传说，有一回，庞涓带兵走到大山里，士兵们又饥又渴。大山里溪水多的是，士兵们喝得肚子里晃水浪，但不扛饿啊。

庞涓看见山坡上有大片山葱可以吃，就下令挖山葱充饥。士兵们全吃饱了。庞涓还发现，山上有一种植物，叫铃兰，和山葱长得很像，但它有毒，不能吃。庞涓想：我把山葱全部拔光，等孙膑的军队来了，误吃了铃兰，我就不战而胜了吗？于是，他下令把路过的山葱全部拔掉，只剩下铃兰。

孙膑追赶庞涓来到这片山坡，士兵们也是又饿又渴。他们看见山上长着"山葱"，就抢着拔来吃，结果，先头部队死了不少兵。孙膑赶紧让部下推他到前边查看，然后告诉大家："他们吃的是铃兰，中毒了。铃兰长得像山葱，得好好辨认。"一路上，他把路边的铃兰叶子上挤了褶子，告诉大家，没有褶子的才是山葱。

直到现在，山葱的叶子是舒展的，铃兰的叶子是皱巴巴的。铃兰和山葱的这个区别是孙膑留下的。

对了，有时候，我们把野葱也叫作山葱，但是，这个故事里的山葱不是野葱。只是，它也有个葱字，那也记住它吧。

21

大雪

大蒜

忽一日，
有卖蒜叟，
龙钟伛偻，
咳嗽不绝声，
旁睨而揶揄之。

　　印度医学创始人查拉克说，大蒜除了讨厌的气味之外，其实际价值比黄金还高。俄罗斯医学家称，大蒜是土里长出的"青霉素"。相传，我国古代名医华佗，见一病人想吃食物又咽不下去，十分可怜。他开了药方，让病人饮下两升大蒜汁，立刻吐出十多条"蛇"——蛔虫，病也好了。

　　大蒜，实在平常，却为医家所用，并得到那么高的评价，不能不另眼看它。虽说人不可貌相，但真难做到，"外貌协会"的会员太多了。比如《卖蒜叟》。

　　南阳县有杨二相公者，精于拳勇。能以两肩负两船而起，旗丁数百以篙刺之，篙所触处，寸寸折裂。以此名重一时，率① 其徒行教常州。每至演武场传授枪棒，观者如堵② 。

忽一日，有卖蒜叟，龙钟伛偻，咳嗽不绝声，旁睨③而揶揄之。众大骇，走告杨。杨大怒，招叟至前，以拳打砖墙，陷入尺许，傲之曰："叟能如是乎？"叟曰："君能打墙，不能打人。"

杨愈怒，骂曰："老奴能受我打乎？打死勿怨！"叟笑曰："垂死之年，能以一死成君之名，死亦何怨？"乃广约众人，写立誓券。

令杨养息三日，老人自缚④于树，解衣露腹。杨故取势于十步外，奋拳击之。老人寂然⑤无声。但见杨双膝跪地，叩头曰："晚生知罪了。"拔其拳，已夹入老人腹中，坚不可出，哀求良久，老人鼓腹纵⑥之，已跌出一石桥外矣。

老人徐徐负蒜而归，卒⑦不肯告人姓氏。

（摘自袁枚《子不语》）

注解

　　① 率：带领。

　　② 堵：墙。

　　③ 睨：斜着眼看，形容不在意的样子。

　　④ 缚：绑。

　　⑤ 寂然：安静的样子。

　　⑥ 纵：放。

　　⑦ 卒：终了，最终。

译文

　　南阳县有个叫杨二的，精通拳术，他可以用两个肩膀扛着两艘船站起来，几百个船工用竹篙刺他，竹篙碰到他的地方，就一寸一寸地断裂。杨二因此名重一时，带着他的学生在常州地区习武弄棒。每当他在演武场传授枪棒时，来围观的人多得像一堵墙。

　　有一天，有一个卖蒜的老人，不停地咳嗽，斜着眼睛看，还出言嘲笑杨二。众人很惊骇，跑去告诉杨二。杨二听说后大怒，把老人叫过来，在他面前用拳头打砖墙，拳头陷入砖墙一尺多，然后轻视地对老人说："老头，你能够像我这样吗？"老人说："你这样也就能打墙壁，却不能打人。"

　　杨二更加生气了，怒喝道："老家伙你能让我打上一拳吗？被打死了不要怨恨我！"老人笑着说："我一个老头都快要死了，如果我死了能够成全你的名声，死了也没什么可怨恨的！"于是两人就叫了很多人，当众立了字据。

　　老人让杨二歇息三天，三天后，老人把自己捆在树上，脱掉衣服露出肚皮。杨二在十步外摆好姿势，他举起拳头用力向老人打去。老人没有发出一点儿声音，只看到杨二突然跪倒在地，向老人磕着头说："晚辈知道错了。"原来当杨二想拔出拳头，却发现已经被夹在老人的肚皮里，动弹不得。杨二向老人哀求了很久之后，老人才把肚子一挺放开杨二，只见杨二已经摔得翻过一座桥了。

　　老人慢慢背着他的蒜走了，最终也不肯告诉大家他的名字。

《卖蒜叟》与欧阳修的《卖油翁》有点儿像，但又不一样。我熟记卖油翁所说，"无他，唯手熟尔"，熟能生巧，是真的。大蒜于人类而言，也是"无他，唯手熟尔"。据传，我国的大蒜是由西汉张骞出使西域带回来的。我想，西汉人第一次见到大蒜，感觉一定非常新鲜吧。慢慢地，人们接受了大蒜，饮食习惯也发生了改变。

比如，我有一位兰州朋友，每次去饭店吃饭，他总要问服务员："有生大蒜吗？来几粒。"若是弄堂里的小店，灯光昏暗，老板大方地给一个蒜头，我那位朋友自己动手，掰下一粒蒜瓣，剥去薄膜，即见白润、肥厚的蒜肉。此时，我已经闻见浓烈的蒜辣气，但他却脆脆地咬了一口，咀嚼起来，津津有味。他还跟我说，古埃及人修建金字塔的时候，工人每天都吃大蒜，不仅能预防疾病，还能增加力气。有一次，因大蒜短缺中断了供应，工人们还闹罢工呢，直到法老用重金买回大蒜，工人们才复工。我回应他，当年恺撒大帝远征欧非大陆，命令士兵每天吃一个大蒜头，也是为了抵抗疾病，增强力气。他只用短短几年时间便征服了整个欧洲，建立了当时最强大的古罗马帝国，大蒜功不可没！他笑着递一粒大蒜给我，让我尝尝。我可不敢生吃，但喜欢谈谈传说、故事。

广寒宫里的大蒜

广寒宫冰雪亭内，种着十几棵"蒜果"：茎高两尺，叶扁，色翠，圆梗中立，梗尖开着金灿灿的花朵，馨香宜人，十分可爱。它们喜欢冰雪严寒，一百年成熟一次，果形似陀螺，能自己裂瓣分身。王母娘娘非常喜欢吃。后来，有蒜果掉落人间，被金蝉和尚种起来，人间才有了大蒜。

《西游记》与大蒜

在去西天取经的路上，孙悟空上天吃蟠桃宴，他留了一个蟠桃给师父，夹在胳肢窝，一个筋斗翻回唐僧身边。孙悟空有狐臭，蟠桃也变了味。唐僧咬了一口就扔了，还说："你这猴头，怎么拿个臭果子给师父吃？"被唐僧扔了的蟠桃，钻进了土里，长出来，被人们发现了，就是现在的大蒜。

蒜的妙用

公元 25 年，刘秀率军西征，路经爰戚（现金乡县），遭遇了传染病，将士们相继出现发高烧、头晕、呕吐、昏迷等症状，没几天，就有人病死了。

在这种情况下，人心惶惶，军心涣散，战斗力大减，刘秀只得安营扎寨，治疗疾病。可随军大夫束手无策，疫情在军中迅速蔓延。

刘秀愁得坐卧不安，不由得仰天长叹："天灭我也！"

正是危难之际，来了一位鹤发童颜的老者，说有医方。

刘秀急忙说："请仙翁赐方！"

老者笑而答道："将军知道本地百姓多种大蒜吗？可以多买一些回来，把它捣碎，取汁液，滴进鼻子里，就可以防止瘟疫蔓延；同时将大蒜分给将士们吃，用不了几天，就能治病。"

刘秀立即遵嘱办理，果然，用了大蒜，疫情得到了改善。他想当面再次感谢老者，老者早已不知去向。刘秀对天长揖，感慨道："天助我也！"他率兵攻取洛阳，称帝。

蒜能止下痢

从前，有个郎中，他一有空，就把治病用药的道理讲给小药童听。他的邻居是个农夫，想拜他为师，但他拒绝了。当时，行医多是家传，一般不传外人。

虽然被拒绝了，但农夫没有打消学医的念头。他知道郎中经常在晚上教小药童医术，便躲在窗外偷听。这天晚上，小药童刚刚把账算完，就问郎中："叔，这三两药钱已经欠半年了，要不要加利钱呀？"郎中说："算了，止下利吧，能还药钱就行啦……"农夫没听见前言，也没去细听后语，只记得"算了，止下利"这么半句。他以为，这是郎中向小药童传授"蒜能止下痢"的秘方呢，心想：总算学会了一招，明天就去试试。

第二天，农夫向人夸口说："我能治痢疾。"

"你什么时候学的医啊？"人家不信他，不敢让他治。碰巧，他有个亲戚得了痢疾。他用大蒜当药，让亲戚吃了几天，还真给他治好了。

从此，农夫四处行医，专门给人治痢疾，治一个，好一个，名声越来越大。

有一天，郎中碰上了农夫，问道："你这本事是跟谁学的？"

"跟您呀。"

"我没收你为徒啊。"

"有一天晚上……"农夫把那天的情况说了一遍。

郎中哈哈大笑起来："我们当时说的是算账的事啊！"

农夫愣住了："那怎么大蒜还真能治痢疾呢？"

郎中说："这么看来你是块学医的料，我就收你当徒弟吧！"

有四个字，叫"歪打正着"，农夫就这样发现了大蒜具有止痢的药性。

我没想到小小大蒜竟有好多故事，而且这些故事多与药有关，所以，在"蒜"前头有一个"大"字，它当得起。

在写稿的时候，我用拼音输入法，我打"大蒜"，"打算"也跳出来。建金字塔的工人、恺撒大帝的将士，他们吃大蒜不也是一种打算吗？或许，大蒜和打算还真有点儿关系呢。

最后，说点儿吃的吧，大蒜是菜啊。把五花肉切片，把蒜瓣剥干净，一起下锅，慢慢煎熬，这一道大蒜肉，实在香！另外，醋八蒜也是不错的，剥干净的蒜瓣浸泡在醋里，加一些白糖，时机一到，酸甜又不失大蒜原味，好吃。

22

冬至

萝卜

萝卜取肥大者，
酱一二日即吃，
甜脆可爱。

　　一块萝卜地，救了一支军队，你信吗？

　　赤壁大战，曹操大败，带着三百余残兵败将，逃往荆州。一路的围追堵截，使曹操精疲力竭，饥饿不堪，但总算活了一条命下来。

　　埋锅造饭吧，偏偏天降大雨；讨口饭吃吧，附近又无人烟。曹操只好催促将士们继续前行。可大家又饿又累，实在走不动了，便坐在地上不走。曹操十分生气，一急，从大白马上栽了下来，昏了过去。迷迷糊糊中，曹操仿佛看见太上老君从空中丢下一块美玉，并向他的大白马叫道："孽畜，还不快救主人！"

　　过了一会儿，曹操醒了，他摇摇晃晃走到大白马跟前，用力在马屁股上抽了一鞭。大白马长啸一声，飞起四蹄奔到那美玉掉落的地方，不再前行。曹操走近一看，是一小块绿油油、白生生的萝卜地。美梦成真，曹操激动不已，让将士们吃萝卜充饥，一个人只能吃一个萝卜，一匹马只能吃一兜萝卜缨。

说来也怪，虽然吃得不多，但肚子饱了，疲劳也消了。曹操大喜，拱手朝北方拜了三拜，说："弟子决不忘太上老君搭救之恩，我若能平安到荆州，一定回来在这里修庙供奉。"

曹军离开萝卜地后，果然平安到了荆州。曹操也不食前言，在萝卜地附近修了一座庙宇，供奉太上老君。

这是一个吃萝卜充饥的故事，与望梅止渴有得一拼。但是，望梅止渴只是想想，这萝卜可真是吃进肚子里去了。而且，故事中出现了太上老君，增添了不少神秘的色彩，让本来普普通通的萝卜也变得特别起来——它救了曹军的命啊！

在清朝，也有一个救命的故事，这回，起作用的不是萝卜，而是小小的萝卜籽。

苏州有位祖传名医，名叫曹沧洲，号称"赛华佗"。

如果在街上遇着曹沧州，你会觉得他是种地的，黝黑的皮肤，背也有点儿驼，走路还慢吞吞的。这天，他跪在地上接了圣旨，然后脸色变得跟泥土一样，抱着一家老小号啕大哭。

原来，慈禧太后病了，要他进宫去诊治。你想啊，皇宫里太医排成行，京城里名医飞满天，慈禧太后若不是到了不可

救药的地步，怎么会到苏州来请他呢？如果治不好慈禧太后的病，郎中要殉葬，曹沧洲这条命算是有去无回了。

　　圣旨不能违抗，曹沧洲只好硬着头皮动身。在路上，他知道了几件事：一是推荐他进宫的，是一个苏州人，刚刚考中了状元；二是慈禧太后是忽然得了重病的，然后头痛、心痛、肚皮痛都来了，到如今，已病得奄奄一息了；三是不是京城里那些医生没水平，而是给慈禧太后看病责任太大，医生在用药上为难——轻了，不见效；重了，怕万一失误，担不起罪。

曹沧洲一到北京刚住下，就借口水土不服，加之路上受了风寒，卧床不起了。其实他根本没生病，为什么要这么做呢？是要摸一摸底，看清当前的形势。头一件大事是查看慈禧太后吃了些什么药。不查不知道，一查吓一跳。慈禧太后每天吃的山珍海味不说，单是人参一项，日日恨不得泡在参汤里洗浴；还有燕窝、鹿茸，更是当饭吃。曹沧洲想到，医书上早有记载："滋补过多，必然食阻中焦，中焦闭塞，危在旦夕。"找到了病根，他胆子就大了，进宫给慈禧太后看病去了。

你知道曹沧洲开了什么药方吗？只写了五个大字：萝卜籽三钱。这药方，看得各位御医当场发呆，他们一致认为：这个乡下郎中是进京来送死了。他们都懂药性，萝卜籽是刮油的，慈禧太后一向要滋补身体，这药分明不合她的心意。曹沧洲亲手撮药，亲手煎药，亲手送药到慈禧太后的卧室前。等候她喝下去以后，他才回到住所休息。

慈禧太后饮了三钱萝卜籽煎出来的药汤，很快就通便了，精神状况也有了改善。她召曹沧洲进宫，夸他是个神医，赐他九品顶戴，还要他骑马巡游京城。曹沧洲得了封赏，成了红人，回到家乡时，当地官员还给他们家造好了几进的大房子。从此以后，他在家专门为乡亲看病，不但施诊，还要送药。他逢人就劝，要多吃萝卜。日子久了，苏州便有了"早吃生姜晚吃萝卜，郎中先生急得哭"的谚语。

早吃生姜晚吃萝卜，为什么会急哭郎中先生？这句谚语，跟"冬吃萝卜夏吃姜，不用医生开药方"一样，人人都身体健康，郎中先生要失业了，他怎能不着急呢？

普普通通的三钱萝卜籽，治好了慈禧太后的重病！这说明，治病，药材不一定要多贵，只要对症下药，就能药到病除。在国外，有个民间故事，说萝卜治好了神仙大黑天的坏肚子。

很久很久以前，有个神仙叫大黑天，他是医神，也是财神。

在旅行途中，他的肚子坏了，咕咕咕咕，难过啊。路过一条小河，他看见一个女人在洗萝卜，岸边成堆的萝卜像小山，女人的手冻得像胡萝卜。大黑天知道萝卜能治肚子，就对那女人说："不好意思。我的肚子坏了，能不能给我一根萝卜做药啊？"

"这样啊。我非常愿意给你一根，可是，这些萝卜，老爷数了数的，要是少了一根，我会挨打的。真的很抱歉，不能给你啊。"女人拒绝了，叹口气，接着洗。

大黑天叹口气，揉着肚子往前走。

女人洗了一会儿，发现了一根怪萝卜：一头大，一头小，中间极细。她抬头朝前看，隐约看到大黑天的背影，像个火柴人。她把小的那一头掰下来，追了上去。

"不好意思啊，这是半根萝卜，你将就一下吧。"

大黑天接过萝卜，赶紧吃了，说："托您的福，我的肚子好了。"

女人笑了，高兴地往回走；大黑天也笑了，舒坦地往前走。

说了三个萝卜救命治病的故事，你改变对萝卜的看法了吗？

在我们平常生活中，萝卜不过是菜，而且是最普通的蔬菜。但是，青菜萝卜，各有所爱。清朝有一个叫袁枚的人，他爱吃，会吃，记录下了当年流行的，也一定是他亲口吃过的三百多种南北菜肴饭点，其中当然有萝卜的身影，不信你往下看。

猪油煮萝卜

用熟猪油炒萝卜，加虾米煨之，以极熟为度。临起加葱花，色如玉。

萝卜

萝卜取肥大者，酱一二日即吃，甜脆可爱。

（摘自袁枚《随园食单》）

袁枚竟然用"可爱"来形容酱萝卜，真是可爱。

他推荐的这两种萝卜的吃法，看着就让人流口水吧？萝卜是家常的食材，白灼、红烧、煲汤……样样皆宜。今天，看完了这些故事，建议你向家里的大厨点一份萝卜吃。吃完，再看看下面这个故事，出自南宋朱弁《曲洧旧闻》。

有一次，苏东坡和朋友刘贡父聊天，说他当年用功苦读时，每天都吃"三白饭"，香甜可口，算得上是世界上最好吃的饭菜了。刘贡父问，"三白饭"是什么名饭？苏东坡笑而不答，刘贡父再三追问，苏东坡才说，一撮白盐，一碟生白萝卜，一碗白米饭，就是"三白饭"。刘贡父听了笑起来。

过了几天，刘贡父请苏东坡到府上吃"皛（xiǎo）饭"。苏东坡很好奇，刘贡父博学多识，这"皛饭"一定有讲究。

苏东坡来到刘府，却发现饭桌上只摆了三样东西：盐、萝卜、米饭。苏东坡恍然大悟，哈哈大笑起来。这"皛"字由三个"白"字组成，也是"三白"啊！

吃萝卜，配上汉字，也是很有乐趣的。

23

小寒

芹菜

泥芹有宿根，
一寸嗟独在。
雪芹何时动，
春鸠行可脍。

　　芹菜有长在地里的，有长在水里的，有人工种植的，有野生的。

　　因为有芹菜，所以才有"芹"这个字。

　　与"芹"有关的词语只有十几个，大致可以分为三组，它们在本源上都与芹菜有关。

第一组：芹菜、水芹（与吃菜有关）

　　据说，芹菜原产于地中海沿岸的沼泽地。几千年前，芹菜传入我国时，主要用来观赏，就像我们在院子里种上几株凤仙花一般，经过不断地培育，它们适应了我国的土壤，形成了新品种，我们称之为本地芹菜，与粗壮的西芹不一样。

后来，芹菜不仅用来吃，还用来治病，与芹菜有关的故事也就多起来了。

魏徵爱醋芹

魏徵经常给唐太宗提意见，提意见时，老是板着一张严肃的面孔，气氛不怎么愉快。比如有一天，唐太宗正在玩一只漂亮的鹞鹰，见魏徵走来，他连忙把鹞鹰藏进怀里。魏徵早就看在眼里了，他向唐太宗汇报完工作，故意拖延时间——给唐太宗讲古代皇帝因安逸享乐而亡国的故事，暗暗劝谏唐太宗。结果，时间一长，鹞鹰闷死在了唐太宗怀里。

唐太宗玩鹞鹰不过是爱好罢了，但魏徵能把这点儿爱好跟亡国联系起来，这叫防微杜渐，把唐太宗的安逸享乐扼杀在摇篮里。这些道理，唐太宗当然懂，但是，魏徵老是这样提意见，时间一长，唐太宗难免不高兴。难道魏徵就没点儿爱好吗？一位侍臣告诉唐太宗："听说魏徵很爱吃醋芹，每次吃到这个菜都会高兴得不得了。"听到侍臣这么说，唐太宗心里有了主意。

一天，唐太宗召魏徵进宫，请他吃饭。席间，唐太宗特意赐给魏徵三碗醋芹。魏徵特别高兴，饭还没吃呢，就把三碗醋芹吃光了，还眉飞色舞，与唐太宗有说有笑。唐太宗看到气氛活跃起来，才开玩笑地对魏徵说："你说你没有什么爱好，不怕被别人抓住把柄，一味板着面孔给我提意见，可我今天亲眼看到你爱吃醋芹了。"魏徵被揭了短，自知失态，赶紧起身谢罪，但他话锋一转："陛下以德治天下，臣子自然不敢有什么偏好。我就好这一口醋芹罢了。"真没想到，魏徵化被动为主动，借着醋芹，再次给唐太宗上了生动一课。

醋芹是唐代一种佐酒下饭的菜肴。它是用普通的芹菜经过发酵之后，调以五味烹制而成的汤菜。这道菜本来不算名贵，但因唐太宗赐给魏徵食用而被载入史册。

"雪芹"的由来

《红楼梦》的作者，本名曹霑，号雪芹，又号芹圃、芹溪。为什么他的三个号都离不开一个"芹"字呢？

曹家自被抄家以后，日子越发困难了，曹霑搬到了西山脚下的正白旗居住。离正白旗不足一里的地方，有一家茶馆，叫退翁亭。虽名为茶馆，实际上茶酒全卖。曹霑搬到正白旗不久，就成了退翁亭的常客。

茶馆里有一名伙计，名叫马青，年纪不到五十岁，他每日听曹霑高谈阔论，对曹霑的为人很是佩服。每当曹霑赊酒的时候，他就主动送上一盘小菜；每当曹霑食粥的日子，他就上门送去几个烧饼。天长日久，两人成了无话不谈的朋友。

在曹霑搬到正白旗的第三个春天，他一连三日没在茶馆见到马青。一打听，才知马青病了。他急忙到了马青家，只见马青晕沉沉地倒在炕上昏睡，马青的老伴儿把眼睛都哭肿了。

曹霑轻轻拿过马青的手为他把了脉，然后对马青的老伴说："大嫂不必如此，待我用偏方为老马治一下，三五日准好。"

曹霑回到自己家，没顾上休息，就来到正白旗的村头，原来这里长着一大片野芹菜，刚刚泛青不久，也就两三寸长。他急忙割了一把，回家后点火就熬，野芹汤熬好后立即送去让马青服下。连服三日后，马青又到茶馆去上工了，他逢人便说："曹爷妙手回春，起死回生，真是华佗再生！"

从此，曹霑不仅以才华闻名，他的医道也逐渐得到了大家的称赞。为了进一步表明自己的志向，他特意给自己起了"雪芹"这个号，意思是自己愿做一棵芹菜，既可以为父老们充饥，又可以为穷汉治病。后来，他又给自己起了"芹圃"和"芹溪"的号，而他的正名曹霑反而不为人所知了。

其实，"雪芹"二字出自苏轼的诗句："泥芹有宿根，一寸嗟独在。雪芹何时动，春鸠行可脍。"意思是说：泥土里留有芹菜的根，只有一寸多长。在这雪地里，它什么时候才能发芽生长呢？要等到春天到来，才可与斑鸠肉一起炒着吃呀！

苏轼常常用芹菜来比喻自己，因为"泥芹"长在污泥之中，"雪芹"却出污泥而不染。苏轼的弟弟苏辙也有写芹菜的诗句——园父初挑雪底芹。冬雪掩埋下的芹菜嫩芽，挑来炒斑鸠肉，是一道名菜，叫"雪底芹芽"。据说，曹雪芹烹调最拿手的就是这道菜，他最爱吃的也是这道菜。

也许有人会怀疑，普通的芹菜也能烧出名菜？物以稀为贵，大概古代没有蔬菜大棚，冬天难得吃上芹菜，不然刘殷怎么会哭芹呢？

刘殷哭芹

曾祖母王氏冬月思食芹，殷①时方九岁，乃赴田泽中恸哭②。忽闻有人在耳旁言曰："勿哭，与汝芹。"惊视之，无一人，及视地下，则芹生矣，得斛③余以归，奉祖母食。

（据《晋书》）

注解

① 殷：指刘殷，字长盛，新兴（今山西忻州北）人，西晋末年至十六国时期的名士、官员。

② 恸哭：非常哀伤地大哭。

③ 斛：我国旧时量器名，也是容量单位，一斛本来是十斗，后来改为五斗。

译文

曾祖母王氏冬天想吃芹菜，刘殷这时才九岁，就到田野痛哭，忽然听到有人在他耳边说："不要哭，给你芹菜。"刘殷大惊，四下看了看，却没有一人，等看地下时，芹菜已经长出来了，采得一斛多回家，给祖母吃。

小寒　芹菜

第二组：芹献、献芹、野人献芹、美芹、一芹、芹意（与送礼物有关）

芹菜刚传入我国时，没人敢吃。有一个人吃了，觉得不错，就推荐别人吃，甚至拿去送给别人。在《列子》中，记载了这样一个故事。

野人献芹

宋国有个农夫，常常披着破棉袄，勉强熬过冬天。等到春天，他去田里干活，在田埂上晒太阳。他对妻子说："只有我知道晒太阳是真的暖和，如果我把它告诉大王，一定会得到大王的奖赏。"

有个富人告诉这个农夫："从前，有个庄稼汉认为芹菜是世界上最美味的食物，对村里的富豪称赞芹菜如何好吃，还送了一些给他。富豪信以为真，拿来芹菜尝了尝，结果吃得肚子痛。大家都讥笑那个庄稼汉，那个庄稼汉感到很惭愧。我看你呀，也是这样的人。"

春秋战国时期，我国人吃芹菜就像18世纪欧洲人尝西红柿一样，因为那时人们对芹菜还处在逐渐接受的过程中，所以把芹菜送给别人是一件"危险"的事，也难怪《列子》会记载上述的野人献芹的故事——把不值钱的芹菜当好东西送给别人。后来，献芹用来谦称送人的礼物微薄或所提的建议浅陋。

但到了清代，山东的"名公芹菜"成了贡品。这芹菜，掉在地板上，能摔得粉碎四溅，如绿宝石般在地上滚动，真是奇特。康熙皇帝对名公芹菜情有独钟，他说："生猛海鲜，不如名公芹菜鲜；山珍海味，不如名公芹菜符合朕的口味。"皇帝的金口都开了，拿芹菜来送人，算得上是高级礼物了吧!

第三组：采芹、掇芹、芹藻（与读书有关）

这三个词，一个比一个"高级"。采芹，指入学；掇芹，指考中秀才；芹藻，指比秀才更厉害的贡士。

为什么芹菜会跟读书扯上关系呢? 据《礼记》记载，古时候，学校是建在郊外的，天子读书的学校叫辟雍，诸侯读书的学校叫泮宫。泮宫旁边有泮水，大概学校是木头结构，万一着火了，方便取水救火，或者这泮水有类似护城河的作用。泮水中长着芹菜，诸侯来学校读书，就可以采泮水中的芹菜烧菜吃。所以，称入学为"采芹"，因为这芹菜，连学校都有了新名字——芹宫。

据说，古希腊人常把芹菜当作观赏作物，用来装饰房间；每逢竞赛，他们把芹菜花扎成花冠，戴在优胜者头上。我国古人也曾种芹菜当盆景，采芹、掇芹、芹藻恰好似戴在优胜者头上的花冠，只是到了如今，芹菜只是我们的盘中餐了。

大寒

菠菜

钟谟嗜菠薐菜，

文其名曰

『雨花菜』。

又以蒌蒿、莱菔、

菠薐为『三无比』。

"皇帝是很可怕的。他坐在龙位上，一不高兴，就要杀人；不容易对付的。所以吃的东西也不能随便给他吃，倘是不容易办到的，他吃了又要，一时办不到；——譬如他冬天想到瓜，秋天要吃桃子，办不到，他就生气，杀人了。现在是一年到头给他吃菠菜，一要就有，毫不为难。但是倘说是菠菜，他又要生气的，因为这是便宜货，所以大家对他就不称为菠菜，另外起一个名字，叫作'红嘴绿鹦哥'。"这是鲁迅先生在《华盖集续编·谈皇帝》中的记述。关于这漂亮的名字，民间还流传着故事呢！

当年，乾隆皇帝微服私访下江南。有一天，他在宁波普济寺游玩，见天色已晚，就在寺里过夜。厨子端上饭菜，饭是普通米饭，菜是菠菜豆腐汤，乾隆却吃得津津有味，连说：

"好吃，好吃！"他问厨子："师傅，这菜叫什么名儿？"厨子说："红嘴绿鹦哥，翡翠白玉汤。"乾隆将菜名牢记在心。

回到京城后，乾隆要御膳房做"红嘴绿鹦哥，翡翠白玉汤"这道菜。

菜做好了，乾隆一尝，把筷子往地上一扔，怒斥道："这哪是'红嘴绿鹦哥，翡翠白玉汤'，欺君之罪，把做菜的大厨推出去砍了！"

第二天，御膳房换别的名厨做这道菜，同样被砍头了。

乾隆却非要吃这道菜不可，一连几天，杀了好几个御厨。御膳房总管急了，再杀，手下就没几个大厨了，他斗胆上奏："万岁，解铃还须系铃人，若您定要吃这道菜，那就召普济寺的厨子进京，您意下如何？"

乾隆头一点，准了。

没几天，厨子就到了京城，但没让乾隆知道。御膳房总管先见了厨子，问他做这道菜的奥妙。厨子说："'红嘴绿鹦哥，翡翠白玉汤'就是普通的菠菜豆腐汤，是厨子都会做，根本不是什么名菜。当时，我压根不知道他是万岁啊，只当他是远来的客人，见他器宇轩昂、仪表非凡，我就把菜名说得好听一点儿罢了。而且，这道菜的味道也是一般，万岁却连说'好吃'，可能是因为当时他肚子饿了，所以吃起饭菜来特别香！就像古书里说的，'晚食以当肉'。"

"你讲的都是实话？"总管听了很郁闷。

"句句实话！我的厨艺哪及京中名厨，我如今再做这道菜，肯定也会被杀头的。"想到此，厨子也害怕呀。

"唉！"总管也发愁了，"你先住下，不要声张，容我想想办法。"

总管连夜找了几位大臣，将厨子的话跟他们说了。大臣们都说，得设法让万岁腹中饥饿，然后再吃这道菜，免得有人再遭杀身之祸。于是，大家定下一条计策——劝万岁去几百里外的木兰围场打猎。

几天后，大家陪乾隆打了一场猎，直到红日西沉才回来吃饭。御膳房总管命普济寺厨子端出菠菜豆腐汤，乾隆连说："惊喜，惊喜！好吃，好吃！这才是我以前吃过的'红嘴绿鹦哥，翡翠白玉汤'！"总管趁乾隆高兴，把普济寺厨子说过的一席话告诉了他。乾隆恍然大悟，懊悔莫及，下令厚葬以前被杀的御厨，好好安排他们家人的生活，还说："朕今后再也不乱杀人了！"

在明朝皇帝朱元璋身上，有个类似的故事。那时，朱元璋还是个小和尚，没化到东西，饿晕了。一位老婆婆将一块豆腐块、一小撮菠菜和一碗剩米饭煮在一起，做出一碗汤饭，救了他的命。这碗汤饭有个好听的名字，"珍珠翡翠白玉汤"，珍珠、翡翠、白玉各是什么呢？你想想吧。

"菠菜"这个名字，直到明朝才出现。李时珍在《本草纲目·菜部》中记载："菠菜、波斯草、赤根菜。甘、冷、滑、无毒。"这是我国关于菠菜名字最早的正式记录，但是，菠菜传入我国是在唐朝。据说，菠菜的"菠"最早写成"波"，因为它原产于波斯（今伊朗）。两千多年前，波斯人已经开始人工种植菠菜了，后来传到泥婆罗（今尼泊尔）等国家和地区。贞观二十一年（647年），泥婆罗国使节来大唐，向唐太宗献上了波棱、浑提葱等贡品，其中的波棱就是菠菜。从此，菠菜在我国安了家。后来，"红嘴绿鹦哥"——用鹦鹉来比喻菠菜，形象，绝妙，这个名字让它名满天下。我想，这一定是某位文人的杰作。在取这个名字时，他想过菠菜根为啥是红的吗？

菠菜根为啥是红的

从前，涡河南岸有个刘园，庄里人以种菜为生。可是，庄南头那个刘二，这两年种不好菜。人家的韭菜一月割一茬，他的三月也割不上一茬；人家的菠菜绿油油，他的老是黄干叶，啥原因呢？只因前年他媳妇死了，又撇个缠手的妮子，日子过得不顺心，再续弦吧，他又怕闺女遭人嫌，所以左右为难。

后来，这个劝，那个说，他才娶了胡老三的闺女。

这闺女不但长相不迎人，德行更不好。刘二虽说有了媳妇，可活像添了个奶奶，小妮子刚五岁，一天得拾两篮柴火，连汤也不给喝。

一年过去了，小妮子长了一岁，脸也长了一指。两年过去了，小妮子七岁了，脸又长了一指，瘦得像玉米棒。妮子八岁那年，继母生了个小子，起名二郎。从那以后，继母对妮子更加虐待了。二郎都两岁了，继母还手不摸柴草，脚不沾路土。日头都上了屋脊了，她还躺在床上喊："死妮子给老娘捶腰，想把老娘硌死呀！"半夜里，妮子刚坐下想打个盹，她又喊开了："天还没有黑哩，就睡了，懒猪，没看你小弟又尿了……"白天一端碗，她就骂："咋光长了个吃心，就不怕撑死？去！拾柴去！"

　　刘二每天起早摸黑忙种菜，也没办法，只得暗自伤心流泪。

　　等到妮子拾满一篮子柴火进家来，饭早都吃光了。正想再做点儿，继母一下蹦下床，抓起扔掉的菠菜根、烂菜梗，往锅里一扔，说："添上水，煮煮吃去吧。"

　　那时候，菠菜根是白的，又苦又涩，饿极的妮子也不得不咽呀。

　　转眼间，秋尽冬来。这一天，刮了一夜的东北风，天干冷干冷的，涡河水都冻实了。妮子下身穿条破裤子，还是娘活着时候做的；上身呢，也不知爹从哪里寻的破棉袄，烂得像渔网。她进屋来，正想往锅台门口偎着取暖，继母以为她要掀锅盖找吃的，眼一瞪，骂开了："瞅！瞅！瞅！再瞅锅里还能瞅出你娘的肉。"骂着，她一步扑过来，揪着妮子头发猛一甩，"去给老娘逮鱼去！"

刘二在一旁再也看不下去了，说："你没看河都冻实了！"

"冻？古时候，王祥还卧冰逮鱼哩。去，当个孝子去！"

没办法，妮子只好抹着眼泪离开家。东北风像刀子一样刮得她浑身打战，肚子咕咕叫，饿得她走不动，可是，她还是一步一步来到了河湾里……

正当她冻得缩成一团时，刘二赶来了，怀里揣着一大把冻菠菜。妮子一见，接过来大把往嘴里塞。可是她的嘴和手裂了一道道血口子，淌出来的血把白白的菠菜根都染红了。

刘二问："妮，苦不苦？"

妮子哆哆嗦嗦地说："不，甜着呢！"

刘二看孩子饿成这样，难受极了，随手揪了根菠菜根往嘴里一填，咦？还真是甜丝丝的哩！正在这时，妮子一头歪在爹怀里，哭了："爹爹，我想……"

"妮，你想啥？"

"爹，我想娘！"

"想娘？"

"哎，想俺亲娘。娘死了，你……"妮子说着说着哼起来，"菠菜叶，溜地黄，三生两岁没有娘。跟着爹爹还好过，就怕爹爹娶晚娘。娶了晚娘三年整，生个弟弟叫二郎。二郎穿新我穿破，二郎吃肉我喝汤……"妮子哼着哼着不吭声了，慢慢地合上眼，再也没睁开。

从那以后，菠菜根就变红了，变甜了。人们说，"菠菜根变红"是因为上面浸透了妮子手上的血。变甜呢？是菠菜被妮子的苦情打动了，为了让她多吃点儿。

这真是一个可怜的故事。在动画片《大力水手》中，菠菜是主人公波勃的救命符。如果菠菜当时能救了妮子的命，那该多好。

尽管菠菜营养成分齐全，还被写进了《本草纲目》，有食疗价值，但它最主要的身份不过是一样普通蔬菜。历史上，菠菜的记载并不多，《全宋诗》中写到菠菜的诗只有八首。有记载的、爱吃菠菜的人就更少了。唐太宗可能爱吃菠菜，因为他常吃丹药，而据说吃菠菜能缓解吃丹药带来的不适感；"苏门四学士"之一的张耒颇爱吃菠菜，这是他自己写诗说的；南唐的钟谟特别爱吃菠菜，还给菠菜取了一个特别的名字……

三无比

钟谟①嗜②菠薐菜，文其名曰③"雨花菜"。又以蒌蒿、莱菔④、菠薐为"三无比"。

（摘自陶谷《清异录》）

注解

　　①钟谟：字仲益，南唐官员。

　　②嗜：喜欢，爱好。

③ 文其名曰：给它取一个名字叫作……

④ 莱菔：萝卜。

译文

　　五代时期，南唐的钟谟特别喜欢吃菠菜，还给它取了一个名字叫作"雨花菜"——把菠菜视为天上降下来的"雨花"。并且，他把蒌蒿、萝卜和菠菜看作是无与伦比的佳肴，称之为"三无比"。

古代阿拉伯人称菠菜是"蔬菜之王"，但人们对菠菜的味道是有不同看法的，有人喜欢，有人不喜欢——因为经霜经雪的菠菜发甜，口感好，而其他季节的菠菜比较涩口。著名作家汪曾祺先生写过怎么做拌菠菜，别有味道。

拌菠菜

拌菠菜是北京大酒缸最便宜的酒菜。菠菜焯熟，切为寸段，加一勺芝麻酱、蒜汁，或要芥末，随意。过去（一九四八年以前）才三分钱一碟。现在北京的大酒缸已经没有了。

我做的拌菠菜稍为细致。菠菜洗净，去根，在开水锅中焯至八成熟（不可盖锅煮烂），捞出，过凉水，加一点盐，剁成菜泥，挤去菜汁，以手在盘中抟成宝塔状。先碎切香干（北方无香干，可以熏干代），如米粒大，泡好虾米，切姜末、青蒜末。香干末、虾米、姜末、青蒜末，手捏紧，分层堆在菠菜泥上，如宝塔顶。好酱油、香醋、小磨香油及少许味精在小碗中调好。菠菜上桌，将调料轻轻自塔顶淋下。吃时将宝塔推倒，诸料拌匀。

　　这是我的家乡制拌枸杞头、拌荠菜的办法。北京枸杞头不入馔，荠菜不香。无可奈何，代以菠菜。亦佳。请馋酒客，不妨一试。

（摘自汪曾祺《家常酒菜》）

　　如果有兴趣，就去一趟菜市场，买一斤菠菜尝试一下吧。最后，我给大家讲一个买菠菜的故事。

尼姑菠菜炒菠菜

　　有个清和镇，镇外有座清和桥，多年干旱，桥下变成了远近闻名的菜市场。这一天，来了一位老菜农，挑着一担又嫩又鲜的菠菜，颤颤悠悠地走来。在这大旱的年头，要能吃上这鲜嫩的菠菜，也算是开荤了。货好不愁卖，不一会儿，满满的一担子菠菜只剩下一斤了。

　　这时，有三个人都想买一斤菠菜。老菜农上下打量这三个人：一个是和尚，一个是书生，一个是尼姑。老菜农眉头一皱，指了指桥墩子上的"清和桥"三个字说："这样吧，你们三个人各取其中的一个字，吟一首诗，谁吟得好就把菠菜卖给谁。"

和尚说："我作第一个字。有水念个清，无水也念青，青字加争念个静；清清静静我不爱，我爱豆腐炖菠菜。"

书生说："我作第二个字。有口念个和，无口也念禾，禾字加斗念个科；科考举子我不爱，我爱猪肉炖菠菜。"

尼姑说："我作最后一个字。有木念个桥，无木也念乔，乔字加女念个娇；娇娇女子我不爱，我爱菠菜炒菠菜。"

老菜农听完哈哈大笑，用手指了指和尚说："你回去炖豆腐吧。"又用手指了指书生说："你回去炖猪肉吧。"接着又说："尼姑只有菠菜炒菠菜，实在没有别的菜可吃了，这菠菜就卖给她吧。"

和尚和书生一听，半句话也说不上来。尼姑买了菠菜，高高兴兴地回庵去了。

我国有非常精彩经典的动物植物故事，在流传过程中，我们似乎只在意故事内容本身——会按地域、场合、对象不断调整一个故事，出现异文，构成庞大的故事群，而忽略故事的讲述者、采录者、创作者，包括我自己也是这样——把故事记在心里，需要的时候脱口而出，或添一句或减一笔。比如《小马过河》，故事早就会讲了，却不记得作者名叫"彭文席"。钱锺书讲过：鸡蛋好吃，干吗要知道是哪只母鸡下的呢？话虽如此，但讲述者、采录者、创作者还是应该受到足够的尊重。此书出版之际，我开始整理书本中涉及故事的准确出处，真的很难！一是时间跨度太长，好多故事都是十多年前收集的，当时没有记下出处的意识，以致今日事倍功半；二是一些故事是朋友发过来的，时间一长，朋友也不知从何处得来；三是一些故事来源于网络，好多链接已经失效，故无从查找。时间流逝，时间改变了很多，也沉淀了很多，我们生活中的这些好故事，受岁月打磨愈来愈有味道，滋润一个又一个童年，让我们在日常的蔬菜里丰盈起来。真诚感谢这些故事的讲述者、采录者、创作者，虽不能一一找齐，但一样真诚感谢！让我们一起，把这些精彩奉献给读者；让我们在吃菜的时候，不仅是满足口腹之欲，还有故事，还有交流，还有文化，还有精神。

本书引用故事参考文献

[1] 岑珉. 刺山药的故事. 三江文艺.

[2] 戴振华. 勐旺刺山药据传曾拯救诸葛大军. 云南网.

[3] 刘子才，毕旭初. 青菜秧救命. 中国民间故事集成江苏卷.

[4] 林述丰，邱益昭. 金山玉笋. 中国民间故事集成福建卷.

[5] 梁普安，梁家成. "呃"的来历. 中国民间故事集成贵州卷.

[6] 布依族. 蕨菜芽的故事.

[7] 行云流水. 我家的香椿树. 新浪博客.

[8] 权福健. 香椿的由来. 新浪博客.

[9] 王知三. "洋芋"名字的来历. 静宁民间神话传说故事.

[10] 陈琪敬. 土豆变成石头以后. 中国幼儿教师网.

[11] 毛饮石，徐建忠. 南瓜的传说.

[12] 半爿南瓜. 平阳新闻网.

[13] 冯世昌. 石勒故事五则. 人文襄垣系列丛书.

[14] 黄瓜李的传说. 平度民间故事.

[15] 冯灵恩. 神葫芦的传说. 泗水民间故事选.

[16] 张思涛，郝树之. 西红柿的来历. 中国民间故事集成新疆卷上册.

［17］陈三妮，齐修众.陈州黄花菜.中国民间故事集成河南卷.

［18］许祥凤，吉有余.茭白为啥一年能收两茬.中国民间故事集成江苏卷.

［19］林玉钗，张端彬.先薯亭.中国民间故事集成福建卷.

［20］曹先让，赵泽问.红薯的来历.中国民间故事集成湖南卷.

［21］刘恩连，刘东发.范相公抱"马蛋".中国民间故事集成江西卷.

［22］刘志安，冯温州.东瓜变冬瓜.中国民间故事集成陕西卷.

［23］余塔山."臭冬瓜"的传说.烹调知识.

［24］杜林，高淑兰.山葱与兰铃.中国民间故事集成北京卷.

［25］史说.金乡与大蒜的传说.东方早报.

［26］徐冠华，马汉民.萝卜籽与红顶子.中国民间故事集成江苏卷.

［27］舒杰，崔墨卿."雪芹"的由来.中国民间故事集成北京卷.

［28］单吴氏，张桂林.菠菜根为啥是红的.中国民间故事集成安徽卷.

［29］孙志孝，宋敏.尼姑买菠菜.中国民间故事集成吉林卷.

MARK
麦客文化